职业教育
数字媒体应用人才培养系列教材

U0233678

Premiere

视频编辑应用教程

Premiere Pro
CC 2019
微课版

赵秀娟 胡永锋 ◎ 主编　　杨淳 陈颖 ◎ 副主编

人民邮电出版社

北　京

图书在版编目（CIP）数据

Premiere视频编辑应用教程：Premiere Pro CC 2019：微课版 / 赵秀娟，胡永锋主编. -- 北京：人民邮电出版社，2022.5（2023.7 重印）
职业教育数字媒体应用人才培养系列教材
ISBN 978-7-115-57630-9

Ⅰ．①P… Ⅱ．①赵… ②胡… Ⅲ．①视频编辑软件－职业教育－教材 Ⅳ．①TN94

中国版本图书馆CIP数据核字(2021)第205590号

内 容 提 要

Premiere 是影视编辑领域最流行的软件之一。本书对 Premiere Pro CC 2019 的基本操作方法、影视编辑技巧及该软件在各类影视编辑中的应用进行了全面的讲解。

全书共 14 章，分别为初识 Premiere Pro CC 2019、影视剪辑技术、视频过渡、视频效果、调色与遮罩、添加字幕、加入音频、文件输出、制作节目包装、制作电子相册、制作纪录片、制作产品广告、制作节目片头、制作 MV。

本书适合作为高等职业院校影视编辑类课程的教材，也可供相关人员自学参考。

◆ 主　　编　赵秀娟　胡永锋
　　副主编　杨　淳　陈　颖
　　责任编辑　刘　佳
　　责任印制　王　郁　胡　南

◆ 人民邮电出版社出版发行　　北京市丰台区成寿寺路 11 号
　　邮编　100164　电子邮件　315@ptpress.com.cn
　　网址　https://www.ptpress.com.cn
　　北京隆昌伟业印刷有限公司印刷

◆ 开本：787×1092　1/16
　　印张：17.25　　　　　　　　　2022 年 5 月第 1 版
　　字数：438 千字　　　　　　　2023 年 7 月北京第 4 次印刷

定价：59.80 元

读者服务热线：(010)81055256　印装质量热线：(010)81055316
反盗版热线：(010)81055315
广告经营许可证：京东市监广登字 20170147 号

本书全面贯彻党的二十大精神，以社会主义核心价值观为引领，传承中华优秀传统文化，坚定文化自信，使内容更好体现时代性、把握规律性、富于创造性。

Premiere 是由 Adobe 公司开发的影视编辑软件，它功能强大、易学易用，深受广大影视制作爱好者和影视后期编辑人员的喜爱，已经成为这一领域最流行的软件之一。目前，我国很多高职院校和培训机构都将 Premiere 作为影视编辑专业的一门重要课程。为了帮助教师全面、系统地讲授这门课程，使学生能够熟练地使用 Premiere 来进行影视编辑，我们几位长期在高职院校从事 Premiere 教学的教师与专业影视制作公司中经验丰富的设计师合作，共同编写了本书。

本书具有完善的知识结构体系。第 2～7 章按照"软件功能解析—课堂案例—课堂练习—课后习题"这一思路进行内容编排。软件功能解析可以帮助学生深入学习软件功能和制作特色；课堂案例可以帮助学生快速熟悉软件功能和影视编辑的思路；课堂练习和课后习题可以提升学生的实际应用能力。第 9～14 章根据 Premiere 在影视编辑中的应用，精心安排了专业设计公司的 28 个精彩实例，通过对这些案例进行全面的分析和详细的讲解，使学生更加贴近实际工作，创意思维更加开阔，实际设计水平不断提升。在内容编写方面，本书力求细致全面、重点突出；在文字叙述方面，本书言简意赅、通俗易懂；在案例选取方面，本书强调案例的针对性和实用性。

本书配套了书中所有案例的素材及效果文件。另外，为方便教师教学，本书配备了详尽的课堂案例、课堂练习和课后习题的微课视频，以及 PPT 课件、教学大纲等丰富的教学资源，任课教师可登录人邮教育社区网（www.ryjiaoyu.com）免费下载使用。本书的参考学时为 64 学时，其中实训环节为 24 学时，各章的参考学时可以参见下面的学时分配表。

章	课程内容	学时分配	
		讲授	实训
第 1 章	初识 Premiere Pro CC 2019	2	
第 2 章	影视剪辑技术	2	2
第 3 章	视频过渡	2	2
第 4 章	视频效果	2	2
第 5 章	调色与遮罩	2	2
第 6 章	添加字幕	2	2
第 7 章	加入音频	2	2
第 8 章	文件输出	2	
第 9 章	制作节目包装	4	2
第 10 章	制作电子相册	4	2
第 11 章	制作纪录片	4	2
第 12 章	制作产品广告	4	2

章	课程内容	学时分配	
		讲授	实训
第 13 章	制作节目片头	4	2
第 14 章	制作 MV	4	2
学时总计		40	24

由于编者水平有限，书中难免存在不妥之处，敬请广大读者批评指正。

编　者

2023 年 6 月

教学辅助资源及配套教辅

素材类型或 文件夹名	名称或数量	素材类型或 文件夹名	名称或数量
教学大纲	1套	微课视频	48个
电子教案	14章	PPT课件	14个
第2章 影视剪辑技术	活力青春宣传片	第9章 制作节目包装	节目预告片
	春雨时节宣传片	第10章 制作电子相册	时尚女孩电子相册
	秀丽山河宣传片		婚礼电子相册
	篮球公园宣传片		旅行电子相册
第3章 视频过渡	餐厅新品宣传片		儿童成长电子相册
	自驾行宣传片		涂鸦女孩电子相册
	个人旅拍 Vlog	第11章 制作纪录片	日出东方纪录片
第4章 视频效果	飞机起飞宣传片		自行车手纪录片
	健康饮食宣传片		信息时代纪录片
	旅行风光节目片头		玩具城纪录片
	街头艺人宣传片		鸟世界纪录片
第5章 调色与遮罩	儿童成长宣传片	第12章 制作产品广告	牛奶宣传广告
	海滨城市宣传片		运动产品广告
	花开美景宣传片		家电电商广告
第6章 添加字幕	特惠促销宣传片头		汽车宣传广告
	海鲜火锅宣传广告		化妆品广告
	夏季女装上新广告	第13章 制作节目片头	快乐旅行节目片头
第7章 加入音频	动物世界宣传片		烹饪节目片头
	时尚音乐宣传片		健康生活节目片头
	休闲生活宣传片		环保节目片头
第9章 制作节目包装	花卉节目包装	第14章 制作MV	生日MV
	舞蹈比赛节目包装		英文MV
	旅游节目包装		新年MV
	环球博览节目包装		卡拉OK

CONTENTS 目 录

目录 CONTENTS

CONTENTS 目录

目录 CONTENTS

第1章

初识 Premiere Pro CC 2019

本章对 Premiere Pro CC 2019 的界面、面板和基本操作等进行详细讲解。通过对本章的学习，读者可以快速了解并掌握 Premiere Pro CC 2019 的入门知识，为后续章节的学习打下坚实的基础。

课堂学习目标

- ✔ 掌握常用面板的应用。
- ✔ 了解其他功能面板。
- ✔ 熟练掌握项目文件的基本操作。
- ✔ 了解对素材的基本操作。

1.1　Premiere Pro CC 2019 概述

初学 Premiere Pro CC 2019 的读者在启动软件后，可能会对用户操作界面或面板感到束手无策。本节将对用户操作界面、"项目"面板、"时间轴"面板、监视器窗口和其他功能面板进行讲解。

1.1.1　认识用户操作界面

Premiere Pro CC 2019 用户操作界面如图 1-1 所示。

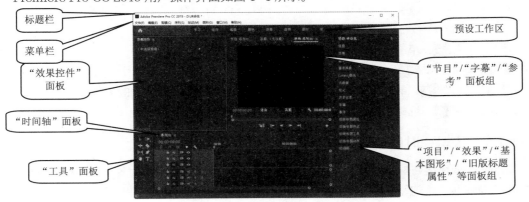

图 1-1

从图 1-1 中可以看出，Premiere Pro CC 2019 的用户操作界面由标题栏、菜单栏、"效果控件"面板、"时间轴"面板、"工具"面板、预设工作区、"节目"/"字幕"/"参考"面板组、"项目"/"效果"/"基本图形"/"旧版标题属性"等面板组组成。

1.1.2　熟悉"项目"面板

"项目"面板主要用于输入、组织和存放供"时间轴"面板编辑合成的原始素材，如图 1-2 所示。按 Ctrl+Page Up 组合键，可切换到列表的状态，如图 1-3 所示。单击"项目"面板上方的 ≡按钮，在弹出的菜单中可以选择面板及相关功能的显示/隐藏方式等，如图 1-4 所示。

  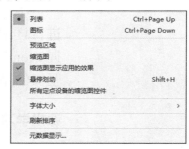

图 1-2　　　　　　　　　图 1-3　　　　　　　　　图 1-4

在图标状态时，将鼠标指针置于视频图标上左右移动，可以查看不同时间点的视频内容。

在列表状态时，可以查看素材的基本属性，包括素材的名称、媒体格式、视音频信息、数据量等。

在"项目"面板下方的工具栏中共有 10 个功能按钮，从左至右分别为"项目可写"按钮 /"项目只读"按钮 、"列表视图"按钮 、"图标视图"按钮 、"调整图标和缩览图的大小"滑动条 、"排序图标"按钮 、"自动匹配序列"按钮 、"查找"按钮 、"新建素材箱"按钮 、"新建项"按钮 和"清除"按钮 。各按钮的含义如下。

"项目可写"按钮 /"项目只读"按钮 ：单击此按钮可以将"项目"面板设为可写或只读模式。

"列表视图"按钮 ：单击此按钮可以将素材箱中的素材以列表形式显示。

"图标视图"按钮 ：单击此按钮可以将素材箱中的素材以图标形式显示。

"调整图标和缩览图的大小"滑动条 ：拖曳滑块可以将项目面板中的图标和缩览图放大或缩小。

"排序图标"按钮 ：单击此按钮可在图标状态下将项目素材以不同的方式排序。

"自动匹配序列"按钮 ：单击此按钮可以将素材自动调整到时间轴。

"查找"按钮 ：单击此按钮可以按提示快速查找素材。

"新建素材箱"按钮 ：单击此按钮可以新建文件夹，以便管理素材。

"新建项"按钮 ：单击此按钮，可以在弹出的菜单中根据需要创建新的素材文件。

"清除"按钮 ：选择不需要的文件，单击此按钮，即可将其删除。

1.1.3　认识"时间轴"面板

"时间轴"面板是 Premiere Pro CC 2019 的核心组件，在编辑影片的过程中，大部分工作都是在"时间轴"面板中完成的。在"时间轴"面板中可以轻松地实现对素材的剪辑、插入、复制、粘贴、修整等操作，如图 1-5 所示。

图 1-5

"将序列作为嵌套或个别剪辑插入并覆盖"按钮 ：单击此按钮可以将序列作为一个嵌套或个别的剪辑文件插入"时间轴"面板并覆盖文件。

"对齐"按钮 ：单击此按钮可以启动吸附功能。当在"时间轴"面板中拖曳素材时，素材将自动吸附在邻近素材的边缘。

"链接选择项"按钮 ：单击此按钮可以使导入"时间轴"面板的视音频链接在一起。

"添加标记"按钮 ：单击此按钮可以在当前帧的位置添加标记。

"时间轴显示设置"按钮 ：单击此按钮，可以设置"时间轴"面板的显示选项。

"切换轨道锁定"按钮 ：单击此按钮，当按钮变成 时，当前的轨道被锁定，处于不能编辑状态；当按钮变成 时，可以编辑该轨道。

"切换同步锁定"按钮 ：默认为启用状态，当进行插入、波纹删除或波纹剪辑操作时，编辑点右侧的内容会发生移动。

"切换轨道输出"按钮 ：单击此按钮可以设置是否在监视器窗口中显示该影片。

"静音轨道"按钮 ：激活该按钮，可以静音，反之则是播放声音。

"独奏轨道"按钮 ：激活该按钮，可以设置独奏轨道。

"折叠－展开轨道"：双击右侧的空白区域，或滚动鼠标滚轮，可以隐藏/展开视频轨道工具栏或音频轨道工具栏。

"显示关键帧"按钮 ：单击此按钮可以选择显示当前关键帧的方式。

"转到下一关键帧"按钮 ：单击此按钮，可将时间标签 定位在被选素材轨道的下一个关键帧上。

"添加－移除关键帧"按钮 ：单击此按钮，可在时间标签 所处的位置或在轨道中被选素材的当前位置添加/移除关键帧。

"转到上一关键帧"按钮 ：单击此按钮，可将时间标签 定位在被选素材轨道的上一个关键帧上。

滑块 ：拖曳滑块可放大/缩小轨道中素材的显示面积。

时间码 00:00:00:00 ：显示播放影片的进度。

序列名称：单击相应的标签可以在不同的节目间相互切换。

轨道面板：对轨道的退缩、锁定等参数进行设置。

时间标尺：对剪辑的组进行时间定位。

面板菜单：对时间单位及剪辑参数进行设置。

视频轨道：对影片进行视频剪辑的轨道。

音频轨道：对影片进行音频剪辑的轨道。

1.1.4 认识监视器窗口

监视器窗口分为"源"监视器窗口和"节目"监视器窗口，分别如图 1-6 和图 1-7 所示，所有编辑或未编辑的影片片段都在此显示效果。

图 1-6

图 1-7

"添加标记"按钮 ：单击此按钮，可设置影片片段未编号标记。

"标记入点"按钮 ：单击此按钮，可设置当前影片位置的起始点。

"标记出点"按钮 ：单击此按钮，可设置当前影片位置的结束点。

"转到入点"按钮 ：单击此按钮，可将时间标签 移到入点位置。

"后退一帧(左侧)"按钮 ：此按钮是对素材进行逐帧倒播的控制按钮，每单击一次该按钮，就会后退一帧，按住 Shift 键的同时单击此按钮，将会后退 5 帧。

"播放－停止切换"按钮 ／ ：控制监视器窗口中素材的时候，单击此按钮会从监视器窗口中时间标签 的当前位置开始播放或停止播放；在"节目"监视器窗口中，在播放时按 J 键可以进行倒播。

"前进一帧(右侧)"按钮 ：此按钮是对素材进行逐帧播放的控制按钮，每单击一次此按钮，就会前进一帧，按住 Shift 键的同时单击此按钮，将会前进 5 帧。

"转到出点"按钮 ：单击此按钮，可将时间标签 移到出点位置。

"插入"按钮 ：单击此按钮，当插入一段影片时，重叠的片段将后移。

"覆盖"按钮 ：单击此按钮，当插入一段影片时，重叠的片段将被覆盖。

"提升"按钮 ：单击此按钮，可将轨道上入点与出点之间的内容删除，删除之后仍然留有空间。

"提取"按钮 ：单击此按钮，可将轨道上入点与出点之间的内容删除，删除之后不留空间，后面的素材会自动连接到前面的素材。

"导出帧"按钮 ：单击此按钮，可导出一帧的影视画面。

"比较视图"按钮 ：单击此按钮，可进入比较视图模式观看视图。

分别单击两个监视器窗口右下方的"按钮编辑器"按钮 ，会弹出图 1-8 和图 1-9 所示的面板，其中包含一些已有和未显示的按钮。

"清除入点"按钮 ：单击此按钮，可清除设置的标记入点。

"清除出点"按钮 ：单击此按钮，可清除设置的标记出点。

"从入点到出点播放视频"按钮 ：单击此按钮，在播放素材时，只播放入点与出点之间的素材。

图 1-8

图 1-9

"转到下一标记"按钮 ：单击此按钮，可将时间标签 移动到当前位置的下一个标记处。

"转到上一标记"按钮 ：单击此按钮，可将时间标签 移动到当前位置的上一个标记处。

"播放邻近区域"按钮 ：单击此按钮，将播放时间标签 的当前位置前后 2 秒的内容。

"循环播放"按钮 ：控制循环播放的按钮，单击此按钮，就会不断循环播放素材，直至单击停止按钮。

"安全边距"按钮 ：单击此按钮可以为影片设置安全边界线，以防影片画面太大导致播放不完整，再次单击可取消安全边界线。

"隐藏字幕显示"按钮 ：单击此按钮，可隐藏字幕显示效果。

"切换代理"按钮 ：单击此按钮，可以在本机格式和代理格式之间切换。

"切换 VR 视频显示"按钮 ：单击此按钮，可以快速切换到 VR 视频显示。

"切换多机位视图"按钮 ：单击此按钮，可打开/关闭多机位视图。

"转到下一个编辑点(向下)"按钮 ：单击此按钮，可转到同一轨道上当前编辑点的下一个编辑点。

"转到上一个编辑点(向上)"按钮 ：单击此按钮，可转到同一轨道上当前编辑点的上一个编辑点。

"多机位录制开/关"按钮 ：单击此按钮，可控制多机位录制的开/关。

"还原裁剪会话"按钮 ：单击此按钮，可还原裁剪的会话。

"全局 FX 静音"按钮 ：单击此按钮，可以打开/关闭所有视频效果。

"贴靠图形"按钮 ：单击此按钮，可以将图形贴靠在一起。

可以直接将面板中需要的按钮拖曳到下面的显示框中，如图 1-10 所示，松开鼠标，按钮将被添加到监视器窗口中，如图 1-11 所示。单击"确定"按钮，所选按钮将显示在监视器窗口中，如图 1-12 所示。可以用相同的方法添加多个按钮，如图 1-13 所示。

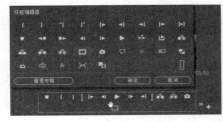

图 1-10

图 1-11

若要恢复默认的布局，再次单击监视器窗口右下方的"按钮编辑器"按钮 ，在弹出的面板中单击"重置布局"按钮，再单击"确定"按钮即可。

图 1-12　　　　　　　　　　　　图 1-13

1.1.5　其他功能面板概述

除了以上介绍的面板，Premiere Pro CC 2019 还提供了其他的方便编辑操作的功能面板，下面逐一进行介绍。

1.＂效果＂面板

＂效果＂面板存放着 Premiere Pro CC 2019 自带的各种预设、视频和音频效果。这些效果按照功能分为六大类，包括预设、Lumetri 预设、音频效果、音频过渡、视频效果及视频过渡，每一大类又按照效果细分为很多小类，如图 1-14 所示。用户安装的第三方效果插件也将出现在该面板的相应类别文件夹中。

2.＂效果控件＂面板

＂效果控件＂面板主要用于控制对象的运动、不透明度、过渡及效果等，如图 1-15 所示。当为某一段素材添加了音频、视频或过渡效果后，就需要在该面板中进行相应的参数设置和关键帧设置。画面的运动效果也在这里设置，该面板会根据不同的素材和效果显示不同的内容。

3.＂音轨混合器＂面板

＂音轨混合器＂面板可以更加有效地调节项目的音频，以及实时混合各轨道的音频对象，如图 1-16 所示。

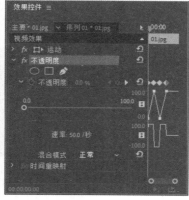
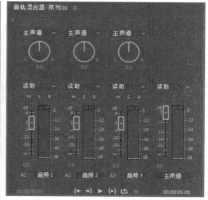

图 1-14　　　　　　　　图 1-15　　　　　　　　　　图 1-16

4.“工具”面板

“工具”面板主要用来对“时间轴”面板中的音频、视频等内容进行编辑，如图 1-17 所示。

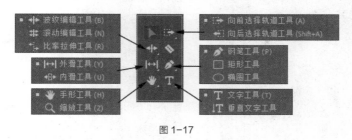

图 1-17

1.2 Premiere Pro CC 2019 基本操作

本节将详细介绍项目文件的处理，如新建项目文件、打开现有项目文件；对象的操作，如素材的导入、移动、删除和对齐等。这些基本操作对影片后期的制作至关重要。

1.2.1 项目文件操作

在启动 Premiere Pro CC 2019 进行影片制作前，必须先创建新的项目文件或打开已存在的项目文件，这是 Premiere Pro CC 2019 最基本的操作之一。

1. 新建项目文件

（1）选择“开始 > Adobe Premiere Pro CC 2019”命令，或双击桌面上的 Adobe Premiere Pro CC 2019 快捷图标，打开软件。

（2）选择“文件 > 新建 > 项目”命令，或按 Ctrl+Alt+N 组合键，弹出“新建项目”对话框，如图 1-18 所示。在“名称”文本框中设置项目名称。单击“位置”右侧的 浏览… 按钮，在弹出的对话框中选择项目文件的保存路径。在“常规”选项卡中设置视频渲染和回放、视频显示格式、音频显示格式及捕捉格式等。在“暂存盘”选项卡中设置捕捉的视频、视频预览、音频预览、项目自动保存等的暂存路径。在“收录设置”选项卡中设置收录选项。单击“确定”按钮，即可创建一个新的项目文件。

（3）选择“文件 > 新建 > 序列”命令，或按 Ctrl+N 组合键，弹出“新建序列”对话框，如图 1-19 所示。在“序列预设”选项卡中选择项目文件格式，如“DV-PAL”制式下的“标准 48kHz”，在右侧的“预设描述”选项区域中将列出相应的项目信息。在“设置”选项卡中可以设置编辑模式、时基、视频帧大小、像素长宽比、音频采样率等信息。在“轨道”选项卡中可以设置视音频轨道的相关信息。在“VR 视频”选项卡中可以设置 VR 属性。单击“确定”按钮，即可创建一个新的序列。

2. 打开项目文件

选择“文件 > 打开项目”命令，或按 Ctrl+O 组合键，在弹出的对话框中选择需要打开的项目文件，如图 1-20 所示，单击“打开”按钮，即可打开选择的项目文件。

图 1-18   图 1-19

图 1-20

选择"文件 > 打开最近使用的内容"命令，在其子菜单中选择需要打开的项目文件，如图 1-21 所示，即可打开所选的项目文件。

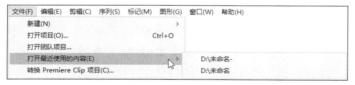

图 1-21

3. 保存项目文件

刚启动 Premiere Pro CC 2019 时，系统会提示用户先保存一个设置了参数的项目，因此，对于编辑过的项目，直接选择"文件 > 保存"命令或按 Ctrl+S 组合键，即可直接保存。另外，系统还会每隔一段时间自动保存一次项目。

选择"文件 > 另存为"命令（或按 Ctrl+Shift+S 组合键），或者选择"文件 > 保存副本"命令（或按 Ctrl+Alt+S 组合键），弹出"保存项目"对话框，设置完成后，单击"保存"按钮，可以保存项目文件的副本。

4. 关闭项目文件

选择"文件 > 关闭项目"命令,即可关闭当前项目文件。如果对当前文件做了修改却尚未保存,系统将会弹出图1-22所示的提示对话框,询问是否要保存对该项目文件所做的修改。单击"是"按钮,将保存并关闭项目文件;单击"否"按钮,则不保存直接关闭项目文件。

图 1-22

1.2.2　撤销与恢复操作

通常情况下,一个完整的项目需要经过反复调整、修改与比较才能完成。Premiere Pro CC 2019为用户提供了"撤销"与"重做"命令。

在编辑视频或音频时,如果用户的上一步操作是错误的,或对操作得到的效果不满意,选择"编辑 > 撤销"命令即可撤销该操作。如果连续选择此命令,则可连续撤销前面的多个操作。

如果要取消撤销操作,则可选择"编辑 > 重做"命令。例如,删除一个素材,选择"编辑 >撤销"命令撤销删除操作后,如果还想将此素材删除,则只需要选择"编辑 > 重做"命令即可。

1.2.3　设置自动保存

设置自动保存功能的具体操作步骤如下。

(1)选择"编辑 > 首选项 > 自动保存"命令,弹出"首选项"对话框,如图1-23所示。

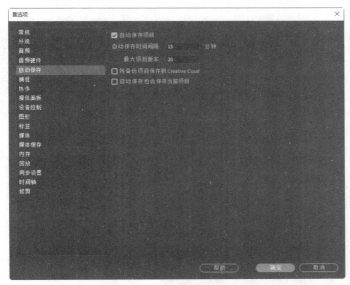

图 1-23

(2)在"首选项"对话框的"自动保存项目"选项区域中,根据需要设置"自动保存时间间隔"和"最大项目版本"的数值。例如,在"自动保存时间间隔"文本框中输入20,在"最大项目版本"文本框中输入5,即表示每隔20分钟自动保存一次,而且只存储最后5次存盘的项目文件。

(3)设置完成后,单击"确定"按钮关闭对话框,返回到用户操作界面。这样,在以后的编辑过程中,系统就会按照设置的参数自动保存文件,用户就可以不必担心由于意外而造成工作数据丢失。

1.2.4　导入素材

Premiere Pro CC 2019 支持大部分主流的视频、音频和图像文件格式，一般的导入方式为选择"文件 > 导入"命令，在"导入"对话框中选择所需要的文件格式和文件即可，如图 1-24 所示。

1. 导入图层文件

选择"文件 > 导入"命令，弹出"导入"对话框，选择 Photoshop、Illustrator 等含有图层的文件格式，选择需要导入的文件，单击"打开"按钮，会弹出图 1-25 所示的对话框。

"导入为"：用于设置 PSD 图层素材导入的方式，可选择"合并所有图层""合并的图层""各个图层"或"序列"。

本例选择"序列"选项，如图 1-26 所示。单击"确定"按钮，在"项目"面板中会自动产生一个文件夹，其中包括序列文件和图层素材，如图 1-27 所示。

以序列的方式导入图层后，软件会按照图层的排列方式自动产生一个序列，可以打开该序列设置动画，进行编辑。

图 1-24

图 1-25

图 1-26

图 1-27

2. 导入图片

序列文件是一种非常重要的源素材。它由若干幅按序排列的图片组成，用来记录活动影片，每幅图片代表 1 帧。通常，可以先在 3ds Max、After Effects、Combustion 软件中生成序列文件，然后导入 Premiere Pro CC 2019 中使用。

（1）在"项目"面板的空白区域双击，弹出"导入"对话框，找到序列文件所在的目录，勾选"图像序列"复选框，如图 1-28 所示。

（2）单击"打开"按钮，导入素材。序列文件导入后的状态如图 1-29 所示。

图 1-28　　　　　　　　　　　　　　　　　　图 1-29

1.2.5　改变素材名称

在"项目"面板中的素材上单击鼠标右键，在弹出的快捷菜单中选择"重命名"命令，素材名称会处于可编辑状态，输入新名称即可，如图 1-30 所示。

用户可以给素材重命名以改变它原来的名称，这在一部影片中重复使用一个素材或复制了一个素材并为之设定新的入点和出点时极其有用。给素材重命名有助于在"项目"面板和序列中观看一个复制的素材时避免混淆。

1.2.6　利用素材库组织素材

可以在"项目"面板中建立一个素材库（即素材文件夹）来管理素材。使用素材文件夹可以将项目中的素材分门别类、有条不紊地组织起来，这在组织包含大量素材的复杂项目时特别有用。

单击"项目"面板下方的"新建素材箱"按钮 ，会自动创建新文件夹，如图 1-31 所示，单击左侧的三角形按钮 可以返回到上一层级素材列表，依次类推。

图 1-30　　　　　　　　　　　　　　　　　图 1-31

1.2.7　离线素材

当打开一个项目文件时，系统若提示找不到源素材，如图 1-32 所示，可能是源素材被改名或源素材存在磁盘上的位置发生了变化造成的。可以直接在磁盘上找到源素材，然后单击"查找"按钮；也可以单击"脱机"按钮，建立离线素材代替源素材。

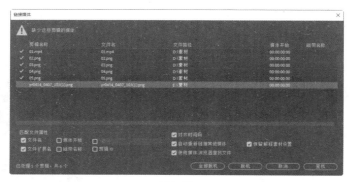

图 1-32

　　由于 Premiere Pro CC 2019 使用直接方式进行工作，因此，如果磁盘上的源素材被重命名、删除或者移动，就会发生在项目中无法找到其磁盘源素材的情况。此时，可以建立一个离线素材。离线素材具有和其所替换的源素材相同的属性，可以对其进行与普通素材完全相同的操作。当找到所需素材后，可以用该素材替换离线素材，以进行正常编辑。离线素材实际上起到一个占位符的作用，它可以暂时占据丢失素材所处的位置。

　　在"项目"面板中单击"新建项"按钮 ，在弹出的菜单中选择"脱机文件"选项，弹出"新建脱机文件"对话框，如图 1-33 所示。设置相关的参数后，单击"确定"按钮，弹出"脱机文件"对话框，如图 1-34 所示。

　　在"包含"下拉列表中选择建立含有影像和声音的离线素材，或者仅含有其中一项的离线素材。在"音频格式"下拉列表中选择音频的声道。在"磁带名称"文本框中输入磁带卷标。在"文件名"文本框中指定离线素材的名称。在"描述"文本框中输入一些备注。在"场景"文本框中输入离线素材与源素材场景的关联信息。在"拍摄/获取"文本框中说明拍摄信息。在"记录注释"文本框中记录离线素材的日志信息。在"时间码"选项区域中指定离线素材的时间。

　　如果要以实际素材替换离线素材，则可以在"项目"面板中的离线素材上单击鼠标右键，在弹出的快捷菜单中选择"链接媒体"命令，在弹出的对话框中指定素材并进行替换。离线图标在"项目"面板中的显示如图 1-35 所示。

图 1-33

图 1-34

图 1-35

第 2 章
影视剪辑技术

本章主要对在 Premiere Pro CC 2019 中剪辑影片的基本技术和操作进行详细介绍，其中包括使用 Premiere Pro CC 2019 剪辑和分离素材、创建新元素等。通过对本章的学习，读者可以掌握剪辑技术的使用方法和应用技巧。

课堂学习目标

- ✔ 熟练掌握剪辑素材的方法。
- ✔ 掌握分离素材的技巧。
- ✔ 了解新元素的创建方法。

2.1　剪辑素材

在一般情况下，Premiere Pro CC 2019 会从头至尾地播放一个音频或视频素材。用户可以使用"时间轴"面板或监视器窗口改变一个素材的开始帧和结束帧或改变静止图像素材的长度。Premiere Pro CC 2019 中的监视器窗口可以对原始素材和序列进行剪辑。

2.1.1　监视器窗口的使用

Premiere Pro CC 2019 有两个监视器窗口，分别是"源"监视器窗口与"节目"监视器窗口，如图 2-1 和图 2-2 所示，分别用来显示和设置素材与作品序列。

图 2-1

图 2-2

用户可以在"源"监视器窗口和"节目"监视器窗口中设置安全区域，这对输出为电视机播放的影片非常有用。

电视机在播放视频图像时，屏幕的边缘会切除部分图像，这种现象叫作"溢出扫描"。不同的电视机溢出的扫描量不同，所以要把图像的重要部分放在"安全区域"内。在制作影片时，需要将重要的场景元素、演员、图表放在"运动安全区域"内；将标题、字幕放在"标题安全区域"内，如图 2-3 所示，位于工作区域外侧的方框为"运动安全区域"，位于工作区域内侧的方框为"标题安全区域"。

图 2-3

单击"源"监视器窗口或"节目"监视器窗口下方的"安全边距"按钮 ▣ ，可以显示或隐藏监视器窗口中的安全区域。

2.1.2　剪裁素材

在 Premiere Pro CC 2019 的监视器窗口中可以通过设置素材的入点和出点来剪裁素材。素材开始帧的位置称为入点，结束帧的位置称为出点。在"时间轴"面板中通过增加或删除帧对素材影片进行剪裁。

1. 在监视器窗口中剪裁素材

在"节目"监视器窗口中改变入点和出点的方法如下。

（1）在"节目"监视器窗口中双击要设置入点和出点的素材，将其在"源"监视器窗口中打开。

（2）在"源"监视器窗口中拖曳时间标签 ▌或按空格键，找到要使用片段的开始位置。

（3）单击"源"监视器窗口下方的"标记入点"按钮 ▮ 或按 I 键，"源"监视器窗口中显示当前素材入点画面，监视器窗口下方显示入点标记，如图 2-4 所示。

（4）播放影片，找到要使用片段的结束位置。单击"源"监视器窗口下方的"标记出点"按钮 ▮ 或按 O 键，监视器窗口下方显示当前素材出点。入点和出点间显示为浅灰色，两点之间的片段即剪裁的素材片段，如图 2-5 所示。

图 2-4

图 2-5

（5）单击"转到入点"按钮 ▮◀ 或按 Shift+I 组合键，可以自动跳到影片的入点位置。单击"转到出点"按钮 或按 Shift+O 组合键，可以自动跳到影片的出点位置。

当声音同步要求非常严格时，用户可以为音频素材设置高精度的入点。音频素材的入点可以使用高达 1/600s 的精度来调节。对于音频素材，入点和出点指示器出现在波形图相应的点处，如图 2-6 所示。

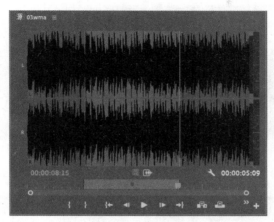

图 2-6

当用户将一个同时含有影像和声音的素材拖曳到"时间轴"面板中时，该素材的音频和视频部分会被放到相应的轨道中。用户在为素材设置入点和出点时，对素材的音频和视频部分同时有效，也可以为素材的视频和音频部分单独设置入点和出点。

为素材的视频或音频部分单独设置入点和出点的方法如下。

（1）在"源"监视器窗口中打开要设置入点和出点的素材。

（2）在"源"监视器窗口中拖曳时间标签 或按空格键，找到要使用视频片段的开始或结束位置。选择"标记 > 标记拆分"命令，弹出子菜单，如图 2-7 所示。

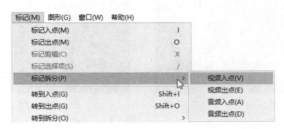

图 2-7

（3）在弹出的子菜单中选择"视频入点"或"视频出点"命令，为两点之间的视频部分设置入点或出点，如图 2-8 所示。继续播放影片，找到要使用音频片段的开始或结束位置，选择"音频入点"或"音频出点"命令，为两点之间的音频部分设置入点或出点，如图 2-9 所示。

图 2-8

图 2-9

2. 在"时间轴"面板中剪辑素材

使用影片编辑点增加或删除帧剪辑素材的方法如下。

（1）将"项目"面板中要剪辑的素材拖曳到"时间轴"面板中。

（2）将"时间轴"面板中的时间标签 ![] 放置到要剪辑的位置，如图 2-10 所示。

（3）将鼠标指针放置在素材文件的开始位置，当鼠标指针呈 ![] 状时单击，显示编辑点，如图 2-11 所示。

图 2-10　　　　　　　　　　　　图 2-11

（4）向右拖曳鼠标指针到时间标签 ![] 的位置，如图 2-12 所示。松开鼠标，效果如图 2-13 所示。

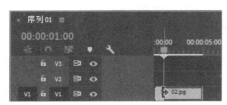 

图 2-12　　　　　　　　　　　　图 2-13

（5）将"时间轴"面板中的时间标签 ![] 再次移到要剪辑的位置。将鼠标指针放置在素材文件的结束位置，当鼠标指针呈 ![] 状时单击，显示编辑点，如图 2-14 所示。按 E 键，将所选编辑点扩展到时间标签 ![] 的位置，如图 2-15 所示。

 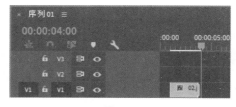

图 2-14　　　　　　　　　　　　图 2-15

2.1.3　导出单帧

单击"节目"监视器窗口下方的"导出帧"按钮 ![]，
弹出"导出帧"对话框，在"名称"文本框中输入文件名称，
在"格式"下拉列表中选择文件格式，设置"路径"选项选
择保存文件的路径，如图 2-16 所示。设置完成后，单击"确
定"按钮，即可导出当前时间轴上的单帧图像。

图 2-16

2.1.4 改变影片的速度

在 Premiere Pro CC 2019 中,用户可以根据需求随意更改影片的播放速度。具体操作步骤如下。

1. "速度/持续时间"命令

在"时间轴"面板中的某一个文件上单击鼠标右键,在弹出的快捷菜单中选择"速度/持续时间"命令,弹出图 2-17 所示的对话框。设置完成后,单击"确定"按钮,完成更改。

图 2-17

"速度":在此设置播放速度的百分比,以此决定影片的播放速度。

"持续时间":单击选项右侧的时间码,修改时间值。时间值越大,影片播放的速度越慢;时间值越小,影片播放的速度越快。

"倒放速度":勾选此复选框,影片将向反方向播放。

"保持音频音调":勾选此复选框,将保持影片的音频播放速度不变。

"波纹编辑,移动尾部剪辑":勾选此复选框,变化剪辑后的影片素材,与其相邻的影片素材将自动吸附。

"时间插值":选择速度更改后的时间插值,包含帧采样、帧混合和光流法。

2. "比率拉伸工具"

选择"比率拉伸工具" ,将鼠标指针放置在素材文件的开始位置,当鼠标指针呈 状时单击,显示编辑点,向左拖曳鼠标指针到适当的位置,如图 2-18 所示,调整影片速度。当鼠标指针呈 状时单击,显示编辑点,向右拖曳鼠标指针到适当的位置,如图 2-19 所示,调整影片速度。

图 2-18

图 2-19

3. "速度"命令

在"时间轴"面板中选择素材文件,如图 2-20 所示。在素材文件上单击鼠标右键,在弹出的快捷菜单中选择"显示剪辑关键帧 > 时间重映射 > 速度"命令,效果如图 2-21 所示。

向下拖曳中心的速度水平线,调整影片速度,如图 2-22 所示。松开鼠标,效果如图 2-23 所示。

图 2-20

图 2-21

图 2-22

图 2-23

按住 Ctrl 键的同时，在速度水平线上单击，生成关键帧，如图 2-24 所示。用相同的方法再次添加关键帧，效果如图 2-25 所示。

图 2-24

图 2-25

向上拖曳关键帧中间的速度水平线，调整影片速度，如图 2-26 所示。拖曳第 2 个关键帧的右半部分，拆分关键帧，产生渐变的变速，使变速更加流畅自然，如图 2-27 所示。

图 2-26

图 2-27

2.1.5　课堂案例——活力青春宣传片

案例学习目标　学习导入素材文件的方法，并对素材进行剪裁。

案例知识要点

使用"导入"命令导入素材文件，使用"标记入点"和"标记出点"按钮及相应快捷键设置入点和出点，使用"缩放"选项改变视频的大小，使用"剃刀工具"分割视频文件，在"剪辑速度/持续时间"对话框中改变视频播放的速度。活力青春宣传片效果如图 2-28 所示。

效果所在位置　云盘\Ch02\活力青春宣传片\活力青春宣传片.prproj。

图 2-28

（1）启动 Premiere Pro CC 2019，选择"文件 > 新建 > 项目"命令，弹出"新建项目"对话框，如图 2-29 所示，单击"确定"按钮，新建项目。选择"文件 > 新建 > 序列"命令，弹出"新建序列"对话框，单击"设置"选项卡，设置如图 2-30 所示，单击"确定"按钮，新建序列。

图 2-29

图 2-30

（2）选择"文件 > 导入"命令，弹出"导入"对话框，选择本书云盘中的"Ch02\活力青春宣传片\素材\01 和 02"文件，如图 2-31 所示。单击"打开"按钮，将素材文件导入"项目"面板中，如图 2-32 所示。

图 2-31

图 2-32

（3）双击"项目"面板中的"01"文件，在"源"监视器窗口中打开"01"文件，如图 2-33 所示。单击"源"监视器窗口中的"标记入点"按钮 ，标记入点，如图 2-34 所示。将时间标签 放置在 10:00s 的位置，单击"源"监视器窗口中的"标记出点"按钮 ，标记出点，如图 2-35 所示。

（4）将鼠标指针放置在"源"监视器窗口中，将"01"文件拖曳到"时间轴"面板中的"视频 1（V1）"轨道中，弹出"剪辑不匹配警告"对话框，如图 2-36 所示，单击"保持现有设置"按钮，将"01"文件放置在"视频 1（V1）"轨道中，如图 2-37 所示。选择"源"监视器窗口，选择"标记 >清除入点和出点"命令，清除设置的入点和出点，如图 2-38 所示。

图 2-33

图 2-34

图 2-35

图 2-36

图 2-37

图 2-38

（5）按 I 键，标记入点，如图 2-39 所示。将时间标签 放置在 20:00s 的位置，按 O 键，标记出点，如图 2-40 所示。将鼠标指针放置在"源"监视器窗口中，将"01"文件拖曳到"时间轴"面板中的"视频 1（V1）"轨道中，如图 2-41 所示。选择"源"监视器窗口，选择"标记 > 清除入点和出点"命令，清除设置的入点和出点，如图 2-42 所示。

图 2-39

图 2-40

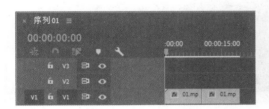

图 2-41

图 2-42

（6）按 I 键，标记入点，如图 2-43 所示。将鼠标指针放置在"源"监视器窗口中，将"01"文件拖曳到"时间轴"面板中的"视频 1（V1）"轨道中，如图 2-44 所示。

图 2-43

图 2-44

（7）在"时间轴"面板中选择第 1 个"01"文件，如图 2-45 所示。选择"效果控件"面板，展开"运动"选项，将"缩放"选项设置为 67.0，如图 2-46 所示。用相同的方法调整其他文件的缩放效果。

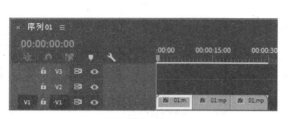

图 2-45

图 2-46

（8）在"时间轴"面板中选择第 1 个"01"文件。按 Ctrl+R 组合键，弹出"剪辑速度/持续时间"对话框，将"速度"选项设置为 200%，勾选"波纹编辑，移动尾部剪辑"复选框，如图 2-47 所示。单击"确定"按钮，效果如图 2-48 所示。

图 2-47

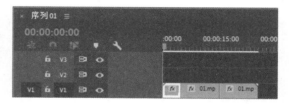

图 2-48

（9）在"时间轴"面板中选择第 2 个"01"文件。按 Ctrl+R 组合键，弹出"剪辑速度/持续时间"对话框，将"速度"选项设置为-200%，保持"波纹编辑，移动尾部剪辑"复选框的勾选状态，如图 2-49 所示。单击"确定"按钮，效果如图 2-50 所示。

图 2-49

图 2-50

（10）在"时间轴"面板中选择第 3 个"01"文件。按 Ctrl+R 组合键，弹出"剪辑速度/持续时间"对话框，将"速度"选项设置为 50%，取消勾选"波纹编辑，移动尾部剪辑"复选框，如图 2-51 所示。单击"确定"按钮，效果如图 2-52 所示。

图 2-51

图 2-52

（11）将时间标签 放置在 20:00s 的位置。选择"剃刀工具" ，将鼠标指针放置在时间标签 所在的位置单击，将视频素材切割为两段，如图 2-53 所示。将时间标签 放置在 22:12s 的位置，选择"选择工具" ，将鼠标指针放在第 4 个"01"文件的结束位置，当鼠标指针呈 状时单击，显示编辑点，如图 2-54 所示。向左拖曳鼠标指针到 22:12s 的位置，如图 2-55 所示。在"项目"面板中选择"02"文件并将其拖曳到"时间轴"面板中的"视频 2（V2）"轨道中，如图 2-56 所示。活力青春宣传片制作完成。

图 2-53

图 2-54

图 2-55

图 2-56

2.2　编辑素材

在"时间轴"面板中可以切割一个单独的素材使之成为两个或更多单独的素材，也可以使用插入、覆盖、提升和提取按钮编辑素材。

2.2.1 切割素材

在 Premiere Pro CC 2019 中，当素材被添加到"时间轴"面板的轨道中后，可以使用"工具"面板中的"剃刀工具" 对此素材进行分割。具体操作步骤如下。

（1）在"时间轴"面板中添加要切割的素材。

（2）选择"工具"面板中的"剃刀工具" ，将鼠标指针移到需要切割的位置并单击，该素材即被切割为两个素材，每一个素材都有独立的长度及入点与出点，如图 2-57 所示。

（3）如果要将多个轨道上的素材在同一点分割，则按住 Shift 键，显示多重刀片后单击，轨道上未锁定的素材都在该位置被分割为两段，如图 2-58 所示。

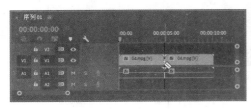

图 2-57 图 2-58

2.2.2 插入和覆盖编辑

"插入"按钮 和"覆盖"按钮 可以将"源"监视器窗口中的影片片段直接添加到"时间轴"面板中当前轨道的时间标签 位置。

1. 插入编辑

使用"插入"按钮 插入素材的具体操作步骤如下。

（1）在"源"监视器窗口中选择要插入"时间轴"面板中的素材。

（2）在"时间轴"面板中将时间标签 移动到需要插入素材的时间点，如图 2-59 所示。

（3）单击"源"监视器窗口下方的"插入"按钮 ，将选择的素材插入"时间轴"面板中，新素材会直接插入其中，把原有素材分为两段，原有素材后面的部分将会向右推移，接在新素材之后，效果如图 2-60 所示。

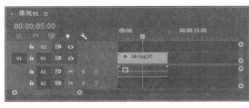
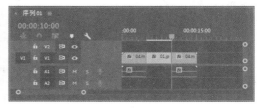

图 2-59 图 2-60

2. 覆盖编辑

使用"覆盖"按钮 插入素材的具体操作步骤如下。

（1）在"源"监视器窗口中选择要插入"时间轴"面板中的素材。

（2）在"时间轴"面板中将时间标签 移动到需要插入素材的时间点。

（3）单击"源"监视器窗口下方的"覆盖"按钮 ，将选择的素材插入"时间轴"面板中，新素材在时间标签 处覆盖原有素材，如图 2-61 所示。

图 2-61

2.2.3 提升和提取编辑

使用"提升"按钮 和"提取"按钮 可以在"时间轴"面板的指定轨道上删除指定的一段素材。

1. 提升编辑

使用"提升"按钮 删除素材的具体操作步骤如下。

（1）在"节目"窗口中为素材需要删除的部分设置入点、出点。设置的入点和出点同时显示在"时间轴"面板的标尺上，如图 2-62 所示。

（2）单击"节目"窗口下方的"提升"按钮 ，入点和出点之间的素材被删除，删除后的区域留下空白，如图 2-63 所示。

图 2-62   图 2-63

2. 提取编辑

使用"提取"按钮 删除素材的具体操作步骤如下。

（1）在"节目"窗口中为素材需要删除的部分设置入点、出点。设置的入点和出点同时显示在"时间轴"面板的标尺上。

（2）单击"节目"窗口下方的"提取"按钮 ，入点和出点之间的素材被删除，其后面的素材自动前移，填补空缺，如图 2-64 所示。

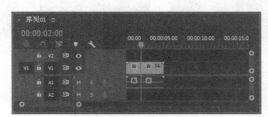

图 2-64

2.2.4 课堂案例——春雨时节宣传片

案例学习目标 学习导入、剪辑和分离视频文件的方法。

案例知识要点

使用"导入"命令导入素材文件，使用"插入"命令插入素材文件，使用"标记"命令标记素材的入点和出点，使用"提取"按钮提取不需要的部分。春雨时节宣传片效果如图 2-65 所示。

效果所在位置　云盘\Ch02\春雨时节宣传片\春雨时节宣传片.prproj。

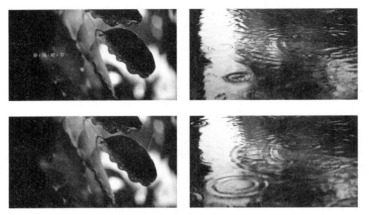

图 2-65

（1）启动 Premiere Pro CC 2019，选择"文件 > 新建 > 项目"命令，弹出"新建项目"对话框，如图 2-66 所示，单击"确定"按钮，新建项目。选择"文件 > 新建 > 序列"命令，弹出"新建序列"对话框，单击"设置"选项卡，设置如图 2-67 所示，单击"确定"按钮，新建序列。

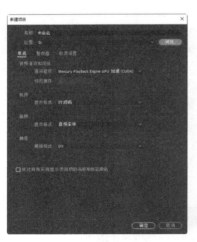

图 2-66

图 2-67

（2）选择"文件 > 导入"命令，弹出"导入"对话框，选择本书云盘中的"Ch02\春雨时节宣传片\素材\01~04"文件，如图 2-68 所示。单击"打开"按钮，将素材文件导入"项目"面板中，如图 2-69 所示。

（3）在"项目"面板中选择"01"文件并将其拖曳到"时间轴"面板中的"视频 1（V1）"轨道中，弹出"剪辑不匹配警告"对话框，如图 2-70 所示。单击"保持现有设置"按钮，在保持现有序列设置的情况下将"01"文件放置在"视频 1（V1）"轨道中，如图 2-71 所示。

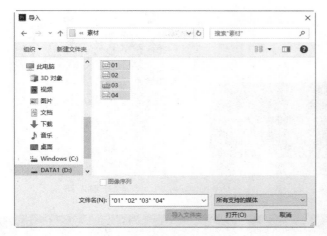

图 2-68

图 2-69

图 2-70

图 2-71

（4）在"时间轴"面板中选择"01"文件。选择"效果控件"面板，展开"运动"选项，将"缩放"选项设置为 67.0，如图 2-72 所示。将时间标签放置在 05:00s 的位置，如图 2-73 所示。

图 2-72

图 2-73

（5）在"项目"面板中选择"02"文件。在"02"文件上单击鼠标右键，在弹出的快捷菜单中选择"插入"命令，将"02"文件插入时间标签所在的位置，如图 2-74 所示。在"时间轴"面板中选择"02"文件。选择"效果控件"面板，展开"运动"选项，将"缩放"选项设置为 67.0，如图 2-75 所示。

（6）将时间标签放置在 12:00s 的位置，选择"标记 > 标记入点"命令，创建入点，如图 2-76 所示。将时间标签放置在 19:24s 的位置，选择"标记 > 标记出点"命令，创建出点，如图 2-77 所示。

图 2-74　　　　　　　　　　　　　　　　图 2-75

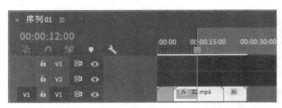
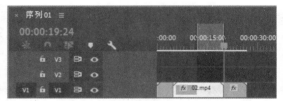

图 2-76　　　　　　　　　　　　　　　　图 2-77

（7）单击"节目"窗口下方的"提取"按钮 ，入点和出点之间的素材将被删除，如图 2-78 所示。在"项目"面板中选择"02"文件并将其拖曳到"时间轴"面板中的"视频 1（V1）"轨道中，如图 2-79 所示。

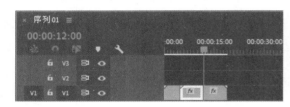

图 2-78　　　　　　　　　　　　　　　　图 2-79

（8）在"时间轴"面板中选择第 2 个"02"文件。选择"效果控件"面板，展开"运动"选项，将"缩放"选项设置为 67.0，如图 2-80 所示。将时间标签放置在 27∶00s 的位置。将鼠标指针放置在"02"文件的结束位置，当鼠标指针呈 状时单击，显示编辑点。按 E 键，将所选编辑点扩展到时间标签 的位置，如图 2-81 所示。

图 2-80　　　　　　　　　　　　　　　　图 2-81

（9）将时间标签放置在 00:02s 的位置。在"项目"面板中选择"03"文件并将其拖曳到"时间轴"面板中的"视频 2（V2）"轨道中，如图 2-82 所示。在"时间轴"面板中选择"03"文件。选择"效果控件"面板，展开"运动"选项，将"位置"选项设置为 303.0 和 360.0，如图 2-83 所示。

图 2-82

图 2-83

（10）在"项目"面板中选择"04"文件并将其拖曳到"时间轴"面板中的"音频 1（A1）"轨道中，如图 2-84 所示。将鼠标指针放置在"04"文件的结束位置，当鼠标指针呈┫状时单击，显示编辑点。向左拖曳鼠标指针到"02"文件的结束位置，如图 2-85 所示。春雨时节宣传片制作完成。

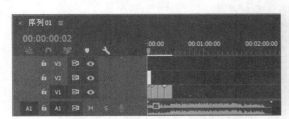

图 2-84

图 2-85

2.3 创建新元素

在 Premiere Pro CC 2019 中除了可以使用导入的素材，还可以创建一些新素材元素，本节将详细介绍相关内容。

2.3.1 通用倒计时片头

通用倒计时片头通常用于影片开始前的倒计时准备。Premiere Pro CC 2019 为用户提供了现成的通用倒计时片头，用户可以非常便捷地创建及编辑标准的倒计时片头，如图 2-86 所示。

创建通用倒计时片头的具体操作步骤如下。

（1）单击"项目"面板下方的"新建项"按钮█，在弹出的菜单中选择"通用倒计时片头"选项，弹出"新建通用倒计时片头"对话框，如图 2-87 所示。设置完成后，单击"确定"按钮，弹出"通用倒计时设置"对话框，如图 2-88 所示。

（2）设置完成后，单击"确定"按钮，Premiere Pro CC 2019 自动将该段倒计时影片加入"项目"面板。

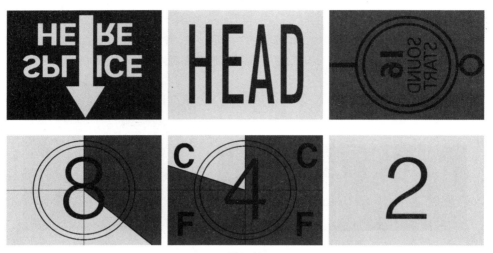

图 2-86

图 2-87

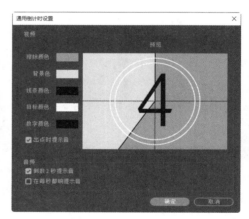

图 2-88

（3）在"项目"面板或"时间轴"面板中双击通用倒计时片头，随时可以打开"通用倒计时设置"对话框进行修改。

扫 码 观 看
扩展案例

2.3.2 彩条和黑场

1. 彩条

Premiere Pro CC 2019 可以为影片在开始前加入一段彩条，如图 2-89 所示。在"项目"面板下方单击"新建项"按钮，在弹出的菜单中选择"彩条"选项，即可创建彩条。

2. 黑场

Premiere Pro CC 2019可以在影片中创建一段黑场。在"项目"面板下方单击"新建项"按钮，在弹出的菜单中选择"黑场视频"选项，即可创建黑场。

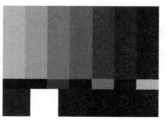

图 2-89

2.3.3　彩色蒙版

Premiere Pro CC 2019 可以为影片创建一个颜色蒙版。用户可以将颜色蒙版当作背景，也可以利用"透明度"命令来设定与它相关色彩的透明度。具体操作步骤如下。

（1）在"项目"面板下方单击"新建项"按钮 ，在弹出的菜单中选择"颜色遮罩"选项，弹出"新建颜色遮罩"对话框，如图 2-90 所示。进行参数设置后，单击"确定"按钮，弹出"拾色器"对话框，如图 2-91 所示。

图 2-90

图 2-91

（2）在"拾色器"对话框中选取蒙版所要使用的颜色，单击"确定"按钮。

（3）在"项目"面板或"时间轴"面板中双击颜色蒙版，随时可以打开"拾色器"对话框进行修改。

2.3.4　透明视频

在 Premiere Pro CC 2019 中，可以创建一个透明视频，它能够将效果应用到一系列的影片剪辑中而无须重复地复制和粘贴属性。只要应用一个效果到透明视频轨道上，效果将自动出现在下面的所有视频轨道中。

2.4　课堂练习——秀丽山河宣传片

练习知识要点

使用"导入"命令导入素材文件，使用入点和出点在"源"监视器窗口中剪裁视频，使用"效果控件"面板编辑视频的大小。秀丽山河宣传片效果如图 2-92 所示。

效果所在位置　云盘\Ch02\秀丽山河宣传片\秀丽山河宣传片.prproj。

图 2-92

图 2-92（续）

2.5 课后习题——篮球公园宣传片

习题知识要点

使用"导入"命令导入素材文件，使用"剃刀工具"切割视频素材，使用"插入"命令插入素材文件，使用"新建"命令新建 HD 彩条。篮球公园宣传片效果如图 2-93 所示。

效果所在位置 云盘\Ch02\篮球公园宣传片\篮球公园宣传片. prproj。

扫 码 观 看
微课：篮球公园
宣传片

图 2-93

第3章
视频过渡

本章主要介绍如何在 Premiere Pro CC 2019 的影片素材或静止图像之间建立丰富多彩的过渡效果，每一个视频过渡的控制方式具有很多可调的选项。通过对本章的学习，读者可以掌握在影视剪辑的镜头中添加过渡效果的方法和技巧。过渡效果非常实用，它可以使剪辑的画面更加富于变化，更加生动多彩。

课堂学习目标

- ✔ 熟练掌握过渡效果的使用和设置方法。
- ✔ 掌握过渡效果的应用技巧。

3.1 过渡效果设置

过渡效果设置包括使用视频过渡、视频过渡设置、视频过渡调整和默认过渡设置等多种基本操作。下面对过渡效果设置进行讲解。

3.1.1 使用视频过渡

一般情况下，过渡效果是在同一轨道的两个相邻素材之间使用，如图 3-1 所示。也可以单独为一个素材添加过渡效果，此时，素材与其下方的轨道进行过渡，但是下方的轨道只是作为背景使用，并不能被过渡所控制，如图 3-2 所示。

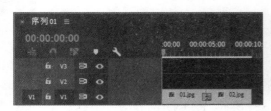

图 3-1

图 3-2

3.1.2 视频过渡设置

两段影片加入过渡效果后，时间轴上会有一个重叠区域，这个重叠区域就是发生过渡的范围。可以通过"效果控件"面板和"时间轴"面板对过渡效果进行设置。

在"效果控件"面板上方单击▶按钮，可以在小视窗中预览过渡效果，如图 3-3 所示。对于某些有方向性的过渡效果来说，可以在上方小视窗中单击箭头改变过渡的方向。例如，单击右上角的箭头改变过渡方向，如图 3-4 所示。

图 3-3   图 3-4

"持续时间"选项可以设置过渡持续时间。双击"时间轴"面板中的过渡块，弹出"设置过渡持续时间"对话框，如图 3-5 所示，设置完成后，单击"确定"按钮，也可以设置过渡持续时间。

"对齐"选项包含"中心切入""起点切入""终点切入""自定义起点"4 种切入对齐方式。

"开始"和"结束"选项可以设置过渡效果的起始和结束状态。按住 Shift 键并拖曳滑块，可以使开始和结束滑块的数值变化相同。

勾选"显示实际源"复选框，可以在上方的"开始"和"结束"视窗中显示过渡效果的开始帧和结束帧，如图 3-6 所示。

其他选项的设置会根据过渡效果的不同而有不同的变化。

图 3-5   图 3-6

扫 码 观 看
扩展案例

3.1.3   视频过渡调整

在"效果控件"面板的右侧区域和"时间轴"面板中，还可以对过渡效果进行进一步的调整。

在"效果控件"面板中，将鼠标指针移动到过渡中线上，当鼠标指针呈❖状时拖曳鼠标，可以改变影片的持续时间和过渡效果的影响区域，如图 3-7 所示。将鼠标指针移动到过渡块上，当鼠标指针呈⬌状时拖曳鼠标，可以改变过渡效果的切入位置，如图 3-8 所示。

在"效果控件"面板中，将鼠标指针移动到过渡效果的左侧边缘，当鼠标指针呈▶状时拖曳鼠标，可以改变过渡效果的长度，如图 3-9 所示。在"时间轴"面板中，将鼠标指针移动到过渡块的右侧边缘，当鼠标指针呈 ⯈ 状时拖曳鼠标，也可以改变过渡效果的长度，如图 3-10 所示。

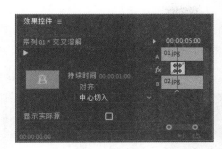

图 3-7

图 3-8

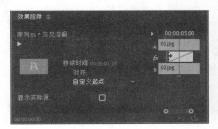

图 3-9

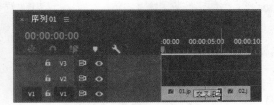

图 3-10

3.1.4 默认过渡设置

选择"编辑 > 首选项 > 时间轴"命令，弹出"首选项"对话框，可以分别设定视频过渡和音频过渡的默认持续时间，如图 3-11 所示。

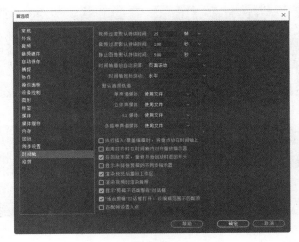

图 3-11

3.2 过渡效果应用

Premiere Pro CC 2019 将各种过渡效果根据类型的不同分别放在"效果"面板中的"视频过渡"

文件夹下的子文件夹中，用户可以根据要使用的过渡效果便捷地进行查找。

3.2.1　3D 运动

"3D 运动"文件夹共包含两种视频过渡效果，如图 3-12 所示。使用不同的过渡后，效果如图 3-13 所示。

图 3-12

立方体旋转　　　　　　　翻转

图 3-13

3.2.2　划像

"划像"文件夹共包含 4 种视频过渡效果，如图 3-14 所示。使用不同的过渡后，效果如图 3-15 所示。

图 3-14

交叉划像　　　　　　　　　　　　　圆划像

盒形划像　　　　　　　　　　　　　菱形划像

图 3-15

3.2.3　擦除

"擦除"文件夹共包含 17 种视频过渡效果，如图 3-16 所示。使用不同的过渡后，效果如图 3-17 所示。

图 3-16

划出

双侧平推门

带状擦除

径向擦除

插入

时钟式擦除

棋盘

棋盘擦除

楔形擦除

水波块

油漆飞溅

图 3-17

渐变擦除	百叶窗	螺旋框
随机块	随机擦除	风车

图 3-17（续）

3.2.4 沉浸式视频

"沉浸式视频"文件夹共包含 8 种视频过渡效果，如图 3-18 所示。使用不同的过渡后，效果如图 3-19 所示。

图 3-18

VR 光圈擦除	VR 光线

VR 渐变擦除	VR 漏光	VR 球形模糊

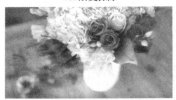

VR 色度泄漏	VR 随机块	VR 默比乌斯缩放

图 3-19

3.2.5 溶解

"溶解"文件夹共包含 7 种视频过渡效果，如图 3-20 所示。使用不同的视频过渡后，效果如图 3-21 所示。

图 3-20

MorphCut　　　　　　　　　　交叉溶解

叠加溶解　　　　　　　白场过渡　　　　　　　胶片溶解

非叠加溶解　　　　　　　黑场过渡

图 3-21

3.2.6 滑动

"滑动"文件夹共包含 5 种视频过渡效果，如图 3-22 所示。使用不同的
过渡后，效果如图 3-23 所示。

图 3-22

中心拆分　　　　　　　　　　带状滑动

拆分　　　　　　　　　　　推　　　　　　　　　　　滑动

图 3-23

3.2.7　缩放

"缩放"文件夹共包含一种视频过渡效果，如图 3-24 所示。效果如图 3-25 所示。

交叉缩放

图 3-24　　　　　　　　　图 3-25

3.2.8　页面剥落

"页面剥落"文件夹共包含两种视频过渡效果，如图 3-26 所示。使用不同的过渡后，效果如图 3-27 所示。

翻页　　　　　　　　　　页面剥落

图 3-26　　　　　　　　　图 3-27

3.2.9　课堂案例——餐厅新品宣传片

案例学习目标　学习使用"效果"面板制作视频过渡。

案例知识要点

使用"导入"命令导入素材文件，使用"VR 球形模糊"效果、"VR 漏光"效果、"叠加溶解"效果、"非叠加溶解"效果、"VR 默比乌斯缩放"效果和"交叉溶解"效果制作视频之间的过渡效果，使用"效果控件"面板编辑视频的大小。餐厅新品宣传片效果如图 3-28 所示。

效果所在位置　云盘\Ch03\餐厅新品宣传片\餐厅新品宣传片.prproj。

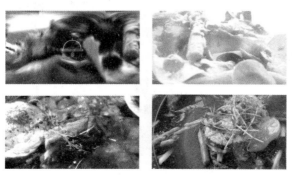

图 3-28

（1）启动 Premiere Pro CC 2019，选择"文件 > 新建 > 项目"命令，弹出"新建项目"对话框，如图 3-29 所示，单击"确定"按钮，新建项目。选择"文件 > 新建 > 序列"命令，弹出"新建序列"对话框，单击"设置"选项卡，设置如图 3-30 所示，单击"确定"按钮，新建序列。

图 3-29　　　　　　　　　　　　　　　　　　　图 3-30

（2）选择"文件 > 导入"命令，弹出"导入"对话框，选择本书云盘中的"Ch03\餐厅新品宣传片\素材\01~05"文件，如图 3-31 所示。单击"打开"按钮，将素材文件导入"项目"面板中，如图 3-32 所示。

图 3-31　　　　　　　　　　　　　　　　　　　图 3-32

（3）在"项目"面板中选择"01"~"04"文件并将其拖曳到"时间轴"面板中的"视频 1（V1）"轨道中，弹出"剪辑不匹配警告"对话框，单击"保持现有设置"按钮，在保持现有序列设置的情况下将"01"~"04"文件放置在"视频 1（V1）"轨道中，如图 3-33 所示；选择"时间轴"面板中的"01"文件；选择"效果控件"面板，展开"运动"选项，将"缩放"选项设置为 67.0，如图 3-34 所示。用相同的方法调整其他素材文件的缩放效果。

（4）在"项目"面板中选择"05"文件并将其拖曳到"时间轴"面板中的"视频 2（V2）"轨道中，如图 3-35 所示。

（5）选择"效果"面板，展开"视频过渡"分类选项，单击"沉浸式视频"文件夹左侧的三角形

按钮 将其展开，选择"VR 球形模糊"效果，如图 3-36 所示；将"VR 球形模糊"效果拖曳到"时间轴"面板"视频 1（V1）"轨道中的"01"文件的开始位置，如图 3-37 所示。

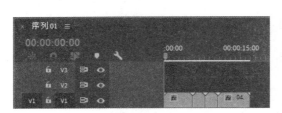

图 3-33　　　　　　　　　　　　　　　　图 3-34

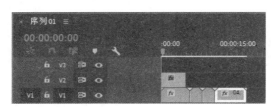

图 3-35

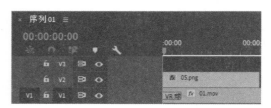

图 3-36　　　　　　　　　　　　　　　　图 3-37

（6）选择"效果"面板，展开"视频过渡"分类选项，单击"沉浸式视频"文件夹左侧的三角形按钮 将其展开，选择"VR 漏光"效果，如图 3-38 所示。将"VR 漏光"效果拖曳到"时间轴"面板"视频 1（V1）"轨道中的"01"文件的结束位置与"02"文件的开始位置，如图 3-39 所示。

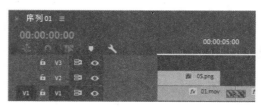

图 3-38　　　　　　　　　　　　　　　　图 3-39

（7）选择"效果"面板，展开"视频过渡"分类选项，单击"溶解"文件夹左侧的三角形按钮▷将其展开，选择"叠加溶解"效果，如图 3-40 所示。将"叠加溶解"效果拖曳到"时间轴"面板"视频 1（V1）"轨道中的"02"文件的结束位置与"03"文件的开始位置，如图 3-41 所示。

图 3-40

图 3-41

（8）选择"效果"面板，展开"视频过渡"分类选项，单击"溶解"文件夹左侧的三角形按钮▷将其展开，选择"非叠加溶解"效果，如图 3-42 所示。将"非叠加溶解"效果拖曳到"时间轴"面板"视频 1（V1）"轨道中的"03"文件的结束位置与"04"文件的开始位置，如图 3-43 所示。

图 3-42

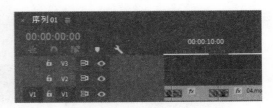

图 3-43

（9）选择"效果"面板，单击"沉浸式视频"文件夹左侧的三角形按钮▷将其展开，选择"VR 默比乌斯缩放"效果，如图 3-44 所示。将"VR 默比乌斯缩放"效果拖曳到"时间轴"面板"视频 1（V1）"轨道中的"04"文件的结束位置，如图 3-45 所示。

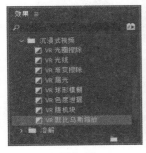

图 3-44

图 3-45

（10）选择"效果"面板，单击"溶解"文件夹左侧的三角形按钮▷将其展开，选择"交叉溶解"效果，如图 3-46 所示。将"交叉溶解"效果拖曳到"时间轴"面板"视频 2（V2）"轨道中的"05"

文件的开始位置，如图 3-47 所示。餐厅新品宣传片制作完成。

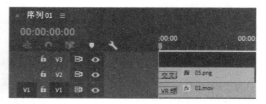

图 3-46 图 3-47

3.3 课堂练习——自驾行宣传片

练习知识要点

使用"导入"命令导入素材文件，使用"带状滑动"效果、"推"效果、"交叉缩放"效果和"翻页"效果制作视频之间的过渡效果，使用"效果控件"面板编辑视频的大小。自驾行宣传片效果如图 3-48 所示。

效果所在位置 云盘\Ch03\自驾行宣传片\自驾行宣传片. prproj。

扫码观看
微课：自驾行
宣传片

图 3-48

3.4 课后习题——个人旅拍 Vlog

习题知识要点

使用"导入"命令导入素材文件，使用"菱形划像"效果、"时钟式擦除"效果和"带状滑动"效果制作图片之间的过渡效果。个人旅拍 Vlog 效果如图 3-49 所示。

效果所在位置 云盘\Ch03\个人旅拍 Vlog\个人旅拍 Vlog. prproj。

图 3-49

04

第4章
视频效果

本章主要介绍 Premiere Pro CC 2019 中的视频效果，这些效果可以应用在视频、图片和文字上。通过对本章的学习，读者可以快速了解并掌握视频效果制作的精髓部分，随心所欲地创作出丰富多彩的视频效果。

课堂学习目标

- ✔ 熟练掌握视频效果的添加方法。
- ✔ 掌握视频效果的应用方法。
- ✔ 掌握预设效果的应用方法。

4.1 视频效果的添加

为素材添加一个效果很简单，只需从"效果"面板中拖曳一个效果到"时间轴"面板中的素材片段上即可。如果素材片段处于被选中状态，可以拖曳效果到该片段的"效果控件"面板中，也可以直接双击视频效果。

4.2 视频效果的应用

视频效果的应用是视频制作的精髓，下面将对 Premiere Pro CC 2019 中的各视频效果进行详细的介绍。

4.2.1 变换效果

"变换"效果主要通过对图像进行变换来制作出各种画面效果，共包含 4 种效果，如图 4-1 所示。使用不同的效果后，效果如图 4-2 所示。

图 4-1

原图

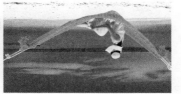

垂直翻转

水平翻转

羽化边缘

裁剪

图 4-2

4.2.2 实用程序效果

"实用程序"效果只包含"Cineon 转换器"这一种效果，该效果主要用于使用 Cineon 转换器对图像色调进行调整和设置，如图 4-3 所示。使用效果后，效果如图 4-4 所示。

原图

Cineon 转换器

图 4-3

图 4-4

4.2.3 扭曲效果

"扭曲"效果主要通过对图像进行几何扭曲变形来制作出各种画面变形效果，共包含 12 种效果，如图 4-5 所示。使用不同的效果后，效果如图 4-6 所示。

图 4-5

原图

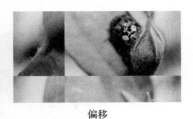

偏移

图 4-6

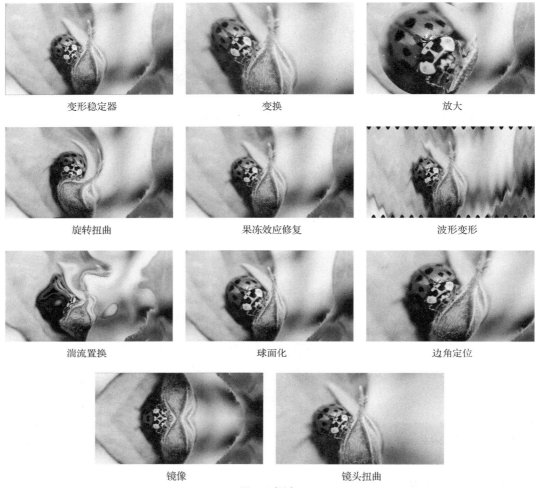

图 4-6（续）

4.2.4 时间效果

"时间"效果用于对素材的时间特性进行控制，共包含 4 种效果，如图
4-7 所示。使用不同的效果后，效果如图 4-8 所示。

图 4-7

图 4-8

时间扭曲   残影   色调分离时间

图 4-8（续）

4.2.5　杂色与颗粒效果

"杂色与颗粒"效果主要用于去除图像中的擦痕及噪点，共包含 6 种效果，如图 4-9 所示。使用不同的效果后，效果如图 4-10 所示。

图 4-9

原图   中间值   杂色

杂色 Alpha   杂色 HLS

杂色 HLS 自动   蒙尘与划痕

图 4-10

4.2.6　课堂案例——飞机起飞宣传片

案例学习目标　学习使用"扭曲"和"杂色与颗粒"视频效果制作图像效果。

案例知识要点

使用"杂色"效果为图像添加杂色，使用"旋转扭曲"效果为旋转图像制作扭曲效果。飞机起飞宣传片效果如图 4-11 所示。

效果所在位置　云盘\Ch04\飞机起飞宣传片\飞机起飞宣传片. prproj。

扫 码 观 看
微课：飞机起飞
宣传片

图 4-11

（1）启动 Premiere Pro CC 2019，选择"文件 > 新建 > 项目"命令，弹出"新建项目"对话框，如图 4-12 所示，单击"确定"按钮，新建项目。选择"文件 > 新建 > 序列"命令，弹出"新建序列"对话框，单击"设置"选项卡，设置如图 4-13 所示，单击"确定"按钮，新建序列。

扫 码 观 看
扩展案例

图 4-12   图 4-13

（2）选择"文件 > 导入"命令，弹出"导入"对话框，选择本书云盘中的"Ch04\飞机起飞宣传片\素材\01"文件，如图 4-14 所示。单击"打开"按钮，将素材文件导入"项目"面板中，如图 4-15 所示。

图 4-14   图 4-15

（3）在"项目"面板中选择"01"文件并将其拖曳到"时间轴"面板中的"视频 1（V1）"轨道中，弹出"剪辑不匹配警告"对话框，单击"保持现有设置"按钮，在保持现有序列设置的情况下将"01"文件放置在"视频 1（V1）"轨道中，如图 4-16 所示。选择"时间轴"面板中的"01"文件。选择"效果控件"面板，展开"运动"选项，将"缩放"选项设置为 67.0，如图 4-17 所示。

图 4-16　　　　　　　　　　　　　　图 4-17

（4）选择"效果"面板，展开"视频效果"分类选项，单击"杂色与颗粒"文件夹左侧的三角形按钮▶将其展开，选择"杂色"效果，如图 4-18 所示。将"杂色"效果拖曳到"时间轴"面板"视频 1（V1）"轨道中的"01"文件上，如图 4-19 所示。

图 4-18　　　　　　　　　　　　　　图 4-19

（5）将时间标签放置在 01:20s 的位置。选择"效果控件"面板，展开"杂色"选项，将"杂色数量"选项设置为 100.0%，单击"杂色数量"选项左侧的"切换动画"按钮，如图 4-20 所示，记录第 1 个动画关键帧。将时间标签放置在 03:12s 的位置。将"杂色数量"选项设置为 0.0%，如图 4-21 所示，记录第 2 个动画关键帧。

图 4-20　　　　　　　　　　　　　　图 4-21

（6）选择"效果"面板，展开"视频效果"分类选项，单击"扭曲"文件夹左侧的三角形按钮▶将其展开，选择"旋转扭曲"效果，如图 4-22 所示。将"旋转扭曲"效果拖曳到"时间轴"面板"视频 1（V1）"轨道中的"01"文件上，如图 4-23 所示。

图 4-22   图 4-23

（7）将时间标签放置在 0s 的位置。选择"效果控件"面板，展开"旋转扭曲"选项，将"角度"
选项设置为 2×105.0°，"旋转扭曲半径"选项设置为 80.0，单击"角度"选项左侧的"切换动画"
按钮 ，如图 4-24 所示，记录第 1 个动画关键帧。将时间标签放置在 01:20s 的位置。将"角度"
选项设置为 0.0°，如图 4-25 所示，记录第 2 个动画关键帧。飞机起飞宣传片制作完成。

图 4-24   图 4-25

4.2.7　模糊与锐化效果

"模糊与锐化"效果主要用于对图像进行锐化或模糊处理，共包含 8 种
效果，如图 4-26 所示。使用不同的效果后，效果如图 4-27 所示。

图 4-26

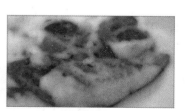

原图   减少交错闪烁   复合模糊

方向模糊   相机模糊   通道模糊

图 4-27

钝化蒙版

锐化

高斯模糊

图 4-27（续）

4.2.8 沉浸式视频效果

"沉浸式视频"效果主要是通过虚拟现实技术来实现的一种效果，共包含 11 种效果，如图 4-28 所示。使用不同的效果后，效果如图 4-29 所示。

图 4-28

原图

VR 分形杂色

VR 发光

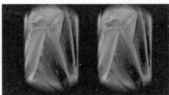

VR 平面到球面

VR 投影

VR 数字故障

VR 旋转球面

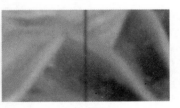

VR 模糊

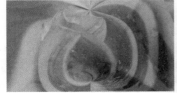

VR 色差

VR 锐化

图 4-29

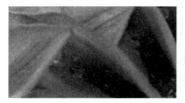
VR 降噪

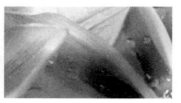
VR 颜色渐变

图 4-29（续）

4.2.9　生成效果

图 4-30

"生成"效果主要用来对图像生成一些效果，共包含 12 种效果，如图 4-30 所示。使用不同的效果后，效果如图 4-31 所示。

原图

书写

单元格图案

吸管填充

四色渐变

圆形

棋盘

椭圆

油漆桶

渐变

网格

图 4-31

镜头光晕　　　　　　　　　　　　　闪电

图 4-31（续）

4.2.10　视频效果

图 4-32

"视频"效果用于对视频特性进行控制，共包含 4 种效果，如图 4-32 所示。使用不同的效果后，效果如图 4-33 所示。

原图　　　　　　　　　　　　　　SDR 遵从情况

剪辑名称　　　　　　　　　时间码　　　　　　　　　简单文本

图 4-33

4.2.11　过渡效果

图 4-34

"过渡"效果主要用于对两个素材之间进行过渡，共包含 5 种效果，如图 4-34 所示。使用不同的效果后，效果如图 4-35 所示。

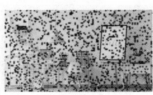

原图　　　　　　　　　　　块溶解　　　　　　　　　径向擦除

渐变擦除　　　　　　　　　百叶窗　　　　　　　　　线性擦除

图 4-35

4.2.12 透视效果

"透视"效果主要用于制作三维透视效果，使素材产生立体感或空间感，共包含 5 种效果，如图 4-36 所示。使用不同的效果后，效果如图 4-37 所示。

图 4-36

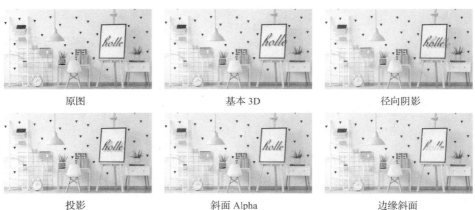

原图　　　　　　　　　基本 3D　　　　　　　　径向阴影

投影　　　　　　　　　斜面 Alpha　　　　　　　边缘斜面

图 4-37

4.2.13 通道效果

"通道"效果可以对素材的通道进行处理，实现对图像颜色、色调、饱和度和亮度等颜色属性的改变，共包含 7 种效果，如图 4-38 所示。使用不同的效果后，效果如图 4-39 所示。

图 4-38

原图　　　　　　　　　　　　　反转

复合运算　　　　　　　　混合　　　　　　　　算术

纯色合成　　　　　　　　计算　　　　　　　设置遮罩

图 4-39

4.2.14　风格化效果

"风格化"效果主要模拟一些美术风格，赋给素材丰富的画面效果，共包含 13 种效果，如图 4-40 所示。使用不同的效果后，效果如图 4-41 所示。

图 4-40

原图

Alpha 发光

复制

彩色浮雕

曝光过度

查找边缘

浮雕

画笔描边

粗糙边缘

纹理

色调分离

闪光灯

阈值

马赛克

图 4-41

4.2.15 课堂案例——健康饮食宣传片

案例学习目标 学习使用"时间码"效果为视频添加时间码并制作视频的过渡效果。

案例知识要点

使用剪辑工具剪辑视频文件，使用"时间码"效果添加视频文件时间码，使用"渐变擦除"命令制作视频的过渡效果。健康饮食宣传片效果如图 4-42 所示。

效果所在位置 云盘\Ch04\健康饮食宣传片\健康饮食宣传片. prproj。

扫码观看
微课：健康饮食
宣传片

图 4-42

（1）启动 Premiere Pro CC 2019，选择"文件 > 新建 > 项目"命令，弹出"新建项目"对话框，如图 4-43 所示，单击"确定"按钮，新建项目。选择"文件 > 新建 > 序列"命令，弹出"新建序列"对话框，单击"设置"选项卡，设置如图 4-44 所示，单击"确定"按钮，新建序列。

扫码观看
扩展案例

图 4-43   图 4-44

（2）选择"文件 > 导入"命令，弹出"导入"对话框，选择本书云盘中的"Ch04\健康饮食宣传片\素材\01~02"文件，如图 4-45 所示。单击"打开"按钮，将素材文件导入"项目"面板中，如图 4-46 所示。

（3）在"项目"面板中选择"01"文件并将其拖曳到"时间轴"面板中的"视频 2（V2）"轨道中，弹出"剪辑不匹配警告"对话框，单击"保持现有设置"按钮，在保持现有序列设置的情况下将"01"文件放置在"视频 2（V2）"轨道中，如图 4-47 所示。将时间标签放置在 10:00s 的位置。将鼠标指针放置在"01"文件的结束位置，当鼠标指针呈◀状时单击，显示编辑点。按 E 键，将所选编辑点扩展到时间标签■的位置，如图 4-48 所示。

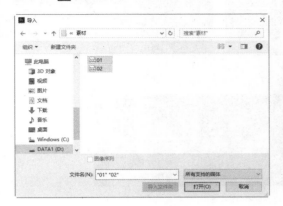

图 4-45　　　　　　　　　　　　　　　　　　　图 4-46

图 4-47　　　　　　　　　　　　　　　　　　　图 4-48

（4）选择"效果"面板，展开"视频效果"分类选项，单击"视频"文件夹左侧的三角形按钮▶将其展开，选择"时间码"效果，如图 4-49 所示。将"时间码"效果拖曳到"时间轴"面板"视频 2（V2）"轨道中的"01"文件上，如图 4-50 所示。

图 4-49　　　　　　　　　　　　　　　　　　　图 4-50

（5）将时间标签放置在 06:00s 的位置。在"项目"面板中选择"02"文件并将其拖曳到"时间轴"面板中的"视频 1（V1）"轨道中，如图 4-51 所示。将时间标签放置在 16:00s 的位置。将鼠标指针放置在"02"文件的结束位置，当鼠标指针呈◀状时单击，显示编辑点。按 E 键，将所选编辑点扩展到时间标签■的位置，如图 4-52 所示。

（6）选择"效果"面板，展开"视频效果"分类选项，单击"视频"文件夹左侧的三角形按钮▶将其展开，选择"时间码"效果。将"时间码"效果拖曳到"时间轴"面板"视频 1（V1）"轨道中的"02"文件上，如图 4-53 所示。

图 4-51   图 4-52

图 4-53

（7）选择"效果"面板，展开"视频效果"分类选项，单击"过渡"文件夹左侧的三角形按钮▶将其展开，选择"渐变擦除"效果，如图 4-54 所示。将"渐变擦除"效果拖曳到"时间轴"面板"视频 2（V2）"轨道中的"01"文件上，如图 4-55 所示。

图 4-54   图 4-55

（8）将时间标签放置在 06:00s 的位置。选择"效果控件"面板，展开"渐变擦除"选项，将"渐变图层"选项设置为"视频 1"，将"渐变放置"选项设置为"中心渐变"，单击"过渡完成"和"过渡柔和度"选项左侧的"切换动画"按钮 ，如图 4-56 所示，记录第 1 个动画关键帧。将时间标签放置在 09:22s 的位置。将"过渡完成"选项设置为 100%，"过渡柔和度"选项设置为 50%，如图 4-57 所示，记录第 2 个动画关键帧。健康饮食宣传片制作完成。

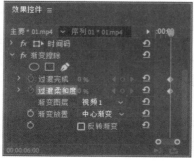

图 4-56   图 4-57

4.3 预设效果的应用

在"效果"面板中，"预设"文件夹包含常见效果的预设。使用这些预设可以快速应用效果，无须再次设置其属性，为后期工作节省时间。

4.3.1 模糊效果

预设的"模糊"效果主要通过对影片素材的入点或出点进行快速模糊预设制作出画面效果，共包含两种效果，如图 4-58 所示。使用不同的效果后，效果如图 4-59 所示。

图 4-58

快速模糊入点

快速模糊出点

图 4-59

图 4-60

4.3.2 画中画效果

预设的"画中画"效果主要通过对影片素材的位置和比例进行修改制作出画面效果，共包含 38 种效果，如图 4-60 所示。使用不同的效果后，效果如图 4-61 所示。

画中画 25%LL 按比例放大至完全

画中画 25%UR 旋转入点

图 4-61

画中画 25%LR 至 LL

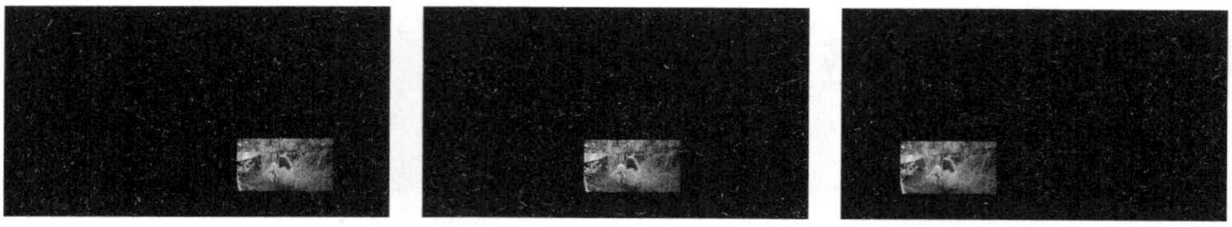

图 4-61（续）

4.3.3 马赛克效果

预设的"马赛克"效果主要通过对影片素材的入点或出点进行马赛克预设制作出画面效果，共包含两种效果，如图 4-62 所示。使用不同的效果后，效果如图 4-63 所示。

图 4-62

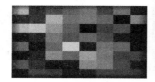

马赛克入点

马赛克出点

图 4-63

4.3.4 扭曲效果

预设的"扭曲"效果主要通过对影片素材的入点或出点进行扭曲预设制作出画面效果，共包含两种效果，如图 4-64 所示。使用不同的效果后，效果如图 4-65 所示。

图 4-64

扭曲入点

扭曲出点

图 4-65

4.3.5　卷积内核效果

预设的"卷积内核"效果主要通过运算改变影片素材中每个像素的颜色和亮度值来改变图像的质感，共包含 10 种效果，如图 4-66 所示。使用不同的效果后，效果如图 4-67 所示。

图 4-66

原图	卷积内核锐化	卷积内核锐化边缘
卷积内核模糊	卷积内核浮雕	卷积内核灯光浮雕
卷积内核查找边缘	卷积内核进一步锐化	卷积内核进一步模糊
卷积内核高斯锐化	卷积内核高斯模糊	

图 4-67

4.3.6　去除镜头扭曲效果

预设的"去除镜头扭曲"效果主要通过去除影片素材的镜头扭曲制作出画面效果，共包含 62 种效果，如图 4-68 所示。使用不同的效果后，效果如图 4-69 所示。

图 4-68

原图

Phantom2 Vision（480）

Phantom2 Vision（4K）

Hero4 Session（1080-宽）

Hero2（960-宽）

Hero3 黑色版（4K 影院-宽）

Hero3+ 黑色版（720-窄）

图 4-69

4.3.7　斜角边效果

　　预设的"斜角边"效果主要通过对影片素材的斜角边进行预设制作出画面效果，共包含两种效果，如图 4-70 所示。使用不同的效果后，效果如图 4-71 所示。

图 4-70

原图

厚斜角边

薄斜角边

图 4-71

4.3.8　过度曝光效果

　　预设的"过度曝光"效果主要通过对影片素材进行过度曝光预设制作出画面效果，共包含两种效果，如图 4-72 所示。使用不同的效果后，效果如图 4-73 所示。

图 4-72

过度曝光入点

过度曝光出点

图 4-73

4.4　课堂练习——旅行风光节目片头

练习知识要点

使用"彩色浮雕"效果制作图像的彩色浮雕效果，使用"效果控件"面板调整图像并制作动画。旅行风光节目片头效果如图 4-74 所示。

效果所在位置　云盘\Ch04\旅行风光节目片头\旅行风光节目片头. prproj。

扫 码 观 看
微课：旅行风光
节目片头

图 4-74

4.5　课后习题——街头艺人宣传片

习题知识要点

使用"效果控件"面板调整素材大小，使用"高斯模糊"效果模糊图像，使用"色调"效果调整图像颜色。街头艺人宣传片效果如图 4-75 所示。

效果所在位置　云盘\Ch04\街头艺人宣传片\街头艺人宣传片. prproj。

图 4-75

第 5 章
调色与遮罩

本章主要介绍在 Premiere Pro CC 2019 中对素材进行调色、遮罩的基础方法。调色、遮罩属于 Premiere Pro CC 2019 中较高级的功能，它可以使影片产生完美的画面合成效果。通过本章案例加强理解相关知识，读者可以完全掌握使用 Premiere Pro CC 2019 进行调色与遮罩的技术。

课堂学习目标

✔ 掌握调色效果的应用方法。
✔ 熟练掌握遮罩效果的应用方法。

5.1　调色

Premiere Pro CC 2019 的"效果"面板包含一些专门用于改变图像亮度、对比度和颜色的效果，这些颜色增强工具集中于"视频效果"文件夹的 4 个子文件夹——"图像控制""调整""过时""颜色校正"子文件夹，以及"Lumetri 预设"文件夹中。下面分别进行详细讲解。

5.1.1　图像控制效果

"图像控制"效果的主要用途是对素材的色彩进行处理。它广泛应用于视频编辑，可以处理一些前期拍摄中所遗留的缺陷，或使素材达到某种预想的效果。"图像控制"效果是一组重要的视频效果，共包含 5 种效果，如图 5-1 所示。使用不同的效果后，效果如图 5-2 所示。

图 5-1

原图

灰度系数校正

颜色平衡（RGB）

图 5-2

颜色替换　　　　　　　　　颜色过滤　　　　　　　　　黑白

图 5-2（续）

图 5-3

5.1.2　调整效果

　　"调整"效果可以调整素材的明暗度，并添加光照效果，共包含 5 种效果，如图 5-3 所示。使用不同的效果后，效果如图 5-4 所示。

原图　　　　　　　　　　　ProcAmp　　　　　　　　　　光照效果

卷积内核　　　　　　　　　提取　　　　　　　　　　　色阶

图 5-4

5.1.3　过时效果

　　"过时"效果用于对视频进行颜色分级与校正，共包含 12 种效果，如图 5-5 所示。使用不同的效果后，效果如图 5-6 所示。

图 5-5　　　　　　　　　　　原图　　　　　　　　　　　RGB 曲线

图 5-6

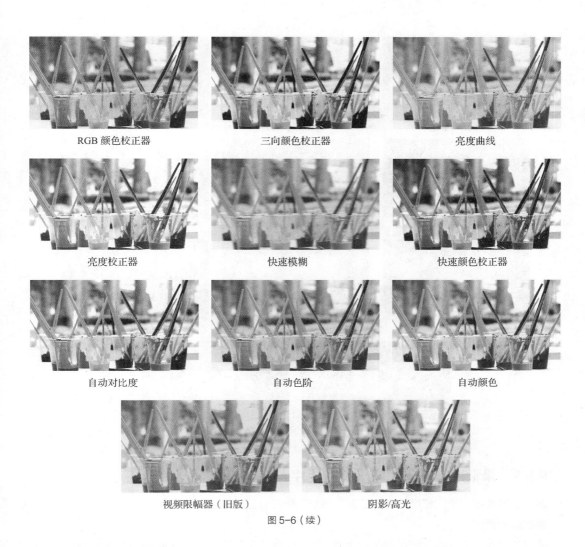

RGB 颜色校正器	三向颜色校正器	亮度曲线
亮度校正器	快速模糊	快速颜色校正器
自动对比度	自动色阶	自动颜色
视频限幅器（旧版）	阴影/高光	

图 5-6（续）

5.1.4　颜色校正效果

"颜色校正"效果主要用于对视频进行颜色校正，共包含 12 种效果，如图 5-7 所示。使用不同的效果后，效果如图 5-8 所示。

图 5-7

原图

ASC CDL

图 5-8

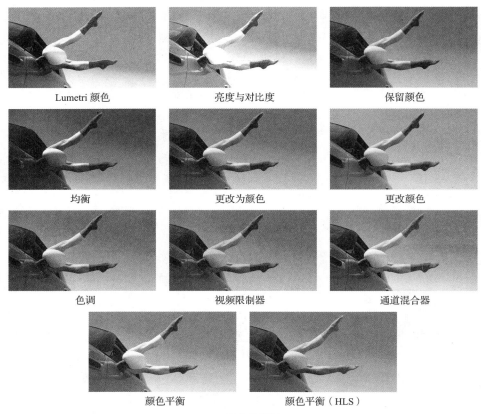

Lumetri 颜色　　　　　　　　亮度与对比度　　　　　　　　保留颜色

均衡　　　　　　　　　　　更改为颜色　　　　　　　　　更改颜色

色调　　　　　　　　　　　视频限制器　　　　　　　　　通道混合器

颜色平衡　　　　　　　　　颜色平衡（HLS）

图 5-8（续）

5.1.5　课堂案例——儿童成长宣传片

案例学习目标　学习使用"图像控制"效果制作儿童成长宣传片。

案例知识要点

使用"导入"命令导入素材文件，使用"灰度系数校正"效果调整图像的灰度系数，使用"颜色平衡"效果降低图像中的部分颜色，使用"DE_AgedFilm"外部效果制作老电影效果。儿童成长宣传片效果如图 5-9 所示。

效果所在位置　云盘\Ch05\儿童成长宣传片\儿童成长宣传片. prproj。

扫码观看
微课：儿童成长
宣传片

扫码观看
扩展案例

图 5-9

（1）启动 Premiere Pro CC 2019，选择"文件 > 新建 > 项目"命令，弹出"新建项目"对话框，如图 5-10 所示，单击"确定"按钮，新建项目。选择"文件 > 新建 > 序列"命令，弹出"新建序列"对话框，单击"设置"选项卡，设置如图 5-11 所示，单击"确定"按钮，新建序列。

图 5-10   图 5-11

（2）选择"文件 > 导入"命令，弹出"导入"对话框，选择本书云盘中的"Ch05\儿童成长宣传片\素材\01"文件，如图 5-12 所示。单击"打开"按钮，将素材文件导入"项目"面板中，如图 5-13 所示。

图 5-12   图 5-13

（3）在"项目"面板中选择"01"文件并将其拖曳到"时间轴"面板中的"视频 1（V1）"轨道中，弹出"剪辑不匹配警告"对话框，单击"保持现有设置"按钮，在保持现有序列设置的情况下将"01"文件放置在"视频 1（V1）"轨道中，如图 5-14 所示。

（4）将时间标签放置在 03:20s 的位置，将鼠标指针放在"01"文件的结束位置并单击，显示编辑点。当鼠标指针呈 ◄┃ 状时，向左拖曳鼠标指针到 03:20s 的位置，如图 5-15 所示。

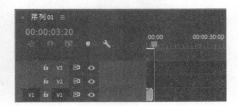

图 5-14   图 5-15

（5）将时间标签放置在 03:20s 的位置，选择"时间轴"面板中的"01"文件，如图 5-16 所示。选择"效果控件"面板，展开"运动"选项，将"缩放"选项设置为 67.0，如图 5-17 所示。

图 5-16   图 5-17

（6）选择"效果"面板，展开"视频效果"分类选项，单击"图像控制"文件夹左侧的三角形按钮▶将其展开，选择"灰度系数校正"效果，如图 5-18 所示。将"灰度系数校正"效果拖曳到"时间轴"面板"视频 1（V1）"轨道中的"01"文件上。选择"效果控件"面板，展开"灰度系数校正"选项，将"灰度系数"选项设置为 7，如图 5-19 所示。

图 5-18   图 5-19

（7）选择"效果"面板，展开"视频效果"分类选项，单击"颜色校正"文件夹左侧的三角形按钮▶将其展开，选择"颜色平衡"效果，如图 5-20 所示。将"颜色平衡"效果拖曳到"时间轴"面板"视频 1（V1）"轨道中的"01"文件上。选择"效果控件"面板，展开"颜色平衡"选项，将"阴影红色平衡"选项设置为 100.0，"阴影绿色平衡"选项设置为-32.0，"阴影蓝色平衡"选项设置为-74.0，"中间调蓝色平衡"选项设置为-9.7，"高光蓝色平衡"选项设置为-42.9，如图 5-21 所示。

图 5-20   图 5-21

（8）选择"效果"面板，展开"视频效果"分类选项，单击"Digieffects Damage v2.5"文件夹左侧的三角形按钮❯将其展开，选择"DE_AgedFilm"效果，如图 5-22 所示。将"DE_AgedFilm"效果拖曳到"时间轴"面板"视频 1（V1）"轨道中的"01"文件上。

（9）选择"效果控件"面板，展开"DE_AgedFilm"选项，将"混合来源"选项设置为 10.000，"划痕数量"选项设置为 10，"划痕最大速度"选项设置为 83.00，"划痕寿命"选项设置为 43.00，"划痕透明度"选项设置为 80.00，"划痕透明度变化"选项设置为 31.00，如图 5-23 所示。儿童成长宣传片制作完成。

图 5-22　　　　　　　　　　图 5-23

5.1.6　Lumetri 预设效果

"Lumetri 预设"效果主要用于对视频素材进行预设的颜色调整，该效果包含了 5 类视频效果。

图 5-24

1. Filmstocks 视频效果

"Filmstocks"预设文件夹共包含 5 种预设视频效果，如图 5-24 所示。使用不同的效果后，效果如图 5-25 所示。

原图

Fuji Eterna 250D Fuji 3510

Fuji Eterna 250d Kodak 2395

Fuji F125 Kodak 2393

Fuji F125 Kodak 2395

Fuji Reala 500D Kodak 2393

图 5-25

2. 影片视频效果

"影片"预设文件夹共包含 7 种预设视频效果，如图 5-26 所示。使用不同的效果后，效果如图 5-27 所示。

图 5-26

原图

2 Strip

Cinespace 100

Cinespace 100 淡化胶片

Cinespace 25

Cinespace 25 淡化胶片

Cinespace 50

Cinespace 50 淡化胶片

图 5-27

3. SpeedLooks 视频效果

"SpeedLooks"预设文件夹共包含 275 种预设视频效果，如图 5-28 所示。使用不同的效果后，效果如图 5-29 所示。

图 5-28

原图　　　　　　SL 清楚出拳 NDR(Arri Alexa)

SL 冰蓝(Arri Alexa)　　　SL 亮蓝(BMC ProRes)　　　SL 复古棕色(Canon 1D)

SL 淘金 LDR(Canon 7D)　　SL Noir 红波(RED-REDLOGFILM)　　SL 冷蓝(Universal)

图 5-29

4. 单色视频效果

"单色"预设文件夹共包含 7 种预设视频效果，如图 5-30 所示。使用不同的效果后，效果如图 5-31 所示。

图 5-30

原图　　　　　　　　　　黑白强淡化

黑白正常对比度　　　　　　黑白打孔　　　　　　　　黑白淡化

图 5-31

黑白淡化胶片 100　　　　　　黑白淡化胶片 150　　　　　　黑白淡化胶片 50

图 5-31（续）

5. 技术视频效果

"技术"预设文件夹共包含 6 种预设视频效果，如图 5-32 所示。使用不同的效果后，效果如图 5-33 所示。

图 5-32

原图　　　　　　合法范围转换为完整范围（10 位）　　合法范围转换为完整范围（12 位）

合法范围转换为完整范围（8 位）　　完整范围转换为合法范围（10 位）

完整范围转换为合法范围（12 位）　　完整范围转换为合法范围（8 位）

图 5-33

5.2　遮罩

"键控"效果使用特定的颜色值（颜色键控）和亮度值（亮度键控）来定义视频素材中的透明区

域。当断开颜色值时，颜色值或者亮度值相同的所有像素将变为透明。它包含 9 种效果，如图 5-34 所示。使用不同的效果后，效果如图 5-35 所示。

图 5-34

提示："移除遮罩"效果调整的是透明和不透明的边界，可以减少白色或黑色边界。

提示：在使用图像遮罩键进行图像遮罩时，遮罩图像和文件夹的名称都不能使用中文，否则图像遮罩将没有效果。

扫 码 观 看
扩展资源

5.3　课堂练习——海滨城市宣传片

练习知识要点

使用"亮度与对比度"效果调整图像的亮度与对比度，使用"均衡"效果均衡图像的颜色，使用"颜色平衡"效果调整图像的颜色。海滨城市宣传片效果如图 5-36 所示。

效果所在位置　云盘\Ch05\海滨城市宣传片\海滨城市宣传片. prproj。

图 5-36

5.4　课后习题——花开美景宣传片

习题知识要点

使用"效果控件"面板调整图像的大小并制作动画，使用"更改颜色"效果改变图像的颜色。花开美景宣传片效果如图 5-37 所示。

效果所在位置　云盘\Ch05\花开美景宣传片\花开美景宣传片. prproj。

图 5-37

第 6 章
添加字幕

本章主要介绍创建字幕的方法，并对字幕的编辑与修饰及运动字幕的创建进行详细的介绍。通过对本章的学习，读者应能掌握创建与编辑字幕的方法和技巧。

课堂学习目标

- ✔ 熟练掌握字幕的创建方法。
- ✔ 掌握编辑与修饰字幕的技巧。
- ✔ 掌握创建运动字幕的方法。

6.1　创建字幕

在 Premiere Pro CC 2019 中，用户可以非常便捷地创建出传统、图形和开放式字幕，也可以创建出沿路径显示的字幕及段落字幕。

6.1.1　创建传统字幕

创建水平或垂直传统字幕的具体操作步骤如下。

（1）选择"文件 > 新建 > 旧版标题"命令，弹出"新建字幕"对话框，如图 6-1 所示。单击"确定"按钮，弹出"字幕"面板，如图 6-2 所示。

图 6-1

图 6-2

（2）单击面板上方的 ☰ 按钮，在弹出的菜单中选择"工具"命令，如图 6-3 所示。弹出"旧版标题工具"面板，如图 6-4 所示。

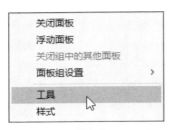

图 6-3   图 6-4

（3）选择"旧版标题工具"面板中的"文字工具" **T**，在"字幕"面板中单击并输入需要的文字，如图 6-5 所示。单击面板上方的 按钮，在弹出的菜单中选择"样式"命令，弹出"旧版标题样式"面板，如图 6-6 所示。

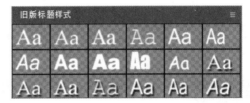

图 6-5   图 6-6

（4）在"旧版标题样式"面板中选择需要的字幕样式，如图 6-7 所示。"字幕"面板中的文字如图 6-8 所示。

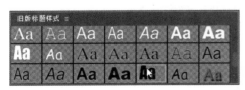

图 6-7   图 6-8

（5）在"字幕"面板上方的属性栏中设置字体、字体大小和字偶间距，"字幕"面板中的文字如图 6-9 所示。选择"旧版标题工具"面板中的"垂直文字工具" **T**，在"字幕"面板中单击并输入需要的文字，设置字幕样式和属性，效果如图 6-10 所示。

图 6-9 图 6-10

6.1.2 创建图形字幕

创建水平或垂直图形字幕的具体操作步骤如下。

（1）选择"工具"面板中的"文字工具" ，在"节目"窗口中单击并输入需要的文字，如图 6-11 所示。在"时间轴"面板的"视频 2（V2）"轨道中生成"一寸光阴一寸金"图形字幕，如图 6-12 所示。

图 6-11 图 6-12

（2）选择"节目"窗口中输入的文字，如图 6-13 所示。选择"窗口 > 基本图形"命令，弹出"基本图形"面板，在"外观"栏中将"填充"选项设置为黑色，"文本"栏中的设置如图 6-14 所示。

图 6-13 图 6-14

（3）"基本图形"面板的"对齐并变换"栏中的设置如图 6-15 所示。"节目"窗口中的效果如图 6-16 所示。

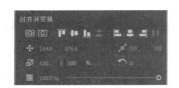

图 6-15　　　　　　　　　　　　图 6-16

（4）选择"工具"面板中的"垂直文字工具" **T**，在"节目"窗口中输入文字，并在"基本图形"面板中设置属性，效果如图 6-17 所示。"时间轴"面板如图 6-18 所示。

图 6-17　　　　　　　　　　　　图 6-18

6.1.3　创建开放式字幕

创建开放式字幕的具体操作步骤如下。

（1）选择"文件 > 新建 > 字幕"命令，弹出"新建字幕"对话框，设置如图 6-19 所示。单击"确定"按钮，在"项目"面板中生成"开放式字幕"文件，如图 6-20 所示。

图 6-19　　　　　　　　　　　　图 6-20

（2）双击"项目"面板中的"开放式字幕"文件，弹出"字幕"面板，如图 6-21 所示。在面板右下角输入文字，并在上方的属性栏中设置文字字体、大小、文本颜色、背景不透明度和字幕块位置，如图 6-22 所示。

图 6-21
图 6-22

（3）在"字幕"面板下方单击   +   按钮，添加字幕，如图 6-23 所示。在面板右下角输入文字，并在上方的属性栏中设置文字大小、文本颜色、背景不透明度和字幕块位置，如图 6-24 所示。

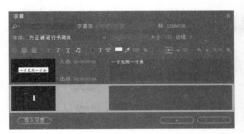

图 6-23
图 6-24

（4）在"项目"面板中选择"开放式字幕"文件并将其拖曳到"时间轴"面板的"视频 2（V2）"轨道中，如图 6-25 所示。将鼠标指针放在"开放式字幕"文件的结束位置，当鼠标指针呈 ◀ 状时，向右拖曳鼠标指针到"01"文件的结束位置，如图 6-26 所示。"节目"窗口中的效果如图 6-27 所示。将时间标签放置在 03:09s 的位置，"节目"窗口中的效果如图 6-28 所示。

图 6-25
图 6-26

图 6-27
图 6-28

6.1.4 创建路径字幕

创建水平或垂直路径字幕的具体操作步骤如下。

（1）选择"文件 > 新建 > 旧版标题"命令，弹出"新建字幕"对话框，如图 6-29 所示。单击"确定"按钮，弹出"字幕"面板，如图 6-30 所示。

图 6-29

图 6-30

（2）单击面板上方的 ☰ 按钮，在弹出的菜单中选择"工具"命令，如图 6-31 所示。弹出"旧版标题工具"面板，如图 6-32 所示。

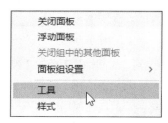

图 6-31

图 6-32

（3）选择"旧版标题工具"面板中的"路径文字工具" ，在"字幕"面板中拖曳鼠标指针绘制路径，如图 6-33 所示。选择"路径文字工具" ，在路径上单击插入光标，输入需要的文字，如图 6-34 所示。

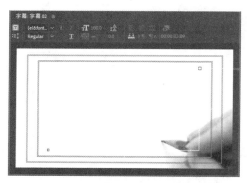

图 6-33

图 6-34

（4）单击面板上方的 ☰ 按钮，在弹出的菜单中选择"属性"命令，如图 6-35 所示。弹出"旧版标题属性"面板，展开"填充"栏，将"颜色"选项设置为黑色；展开"属性"栏，其中各选项的设置如图 6-36 所示。"字幕"面板中的效果如图 6-37 所示。用相同的方法制作垂直路径字幕，"字幕"面板中的效果如图 6-38 所示。

图 6-35

图 6-36

图 6-37

图 6-38

6.1.5　创建段落字幕

（1）选择"文件 > 新建 > 旧版标题"命令，弹出"新建字幕"对话框，如图 6-39 所示。单击"确定"按钮，弹出"字幕"面板。选择"旧版标题工具"面板中的"文字工具" **T**，在"字幕"面板中拖曳出一个文本框，如图 6-40 所示。

图 6-39

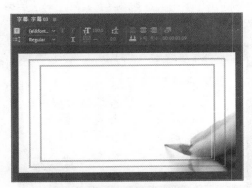

图 6-40

（2）在"字幕"面板中输入需要的段落文字，如图 6-41 所示。在"旧版标题属性"面板中，展开"填充"栏，将"颜色"选项设置为黑色；展开"属性"栏，其中各选项的设置如图 6-42 所示。"字幕"面板中的效果如图 6-43 所示。用相同的方法制作垂直段落字幕，"字幕"面板中的效果如图 6-44 所示。

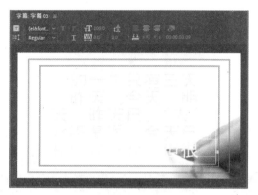

图 6-41

图 6-42

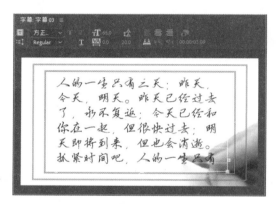

图 6-43

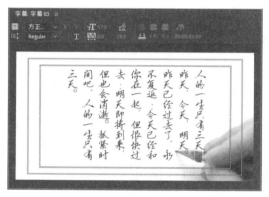

图 6-44

创建段落字幕的另一种方法如下。选择"工具"面板中的"文字工具" T，直接在"节目"窗口中拖曳出一个文本框并输入文字，在"基本图形"面板中编辑文字，效果如图 6-45 所示。用相同的方法输入垂直段落文字，效果如图 6-46 所示。

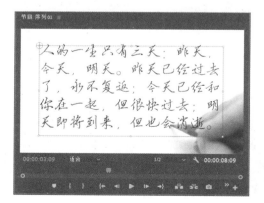

图 6-45

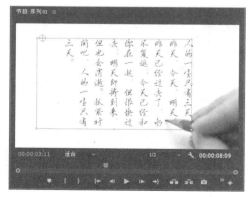

图 6-46

6.2　编辑与修饰字幕

字幕创建完成后，还需要对字幕进行相应的编辑和修饰。下面进行详细介绍。

6.2.1　编辑字幕

1. 编辑传统字幕

（1）在"字幕"面板中输入文字并设置文字属性，如图 6-47 所示。选择"选择工具" ，选取文字，将鼠标指针移动至矩形框内，按住鼠标左键不放进行拖曳，可移动文字对象，效果如图 6-48 所示。

图 6-47　　　　　　　　　　　　　　　　　图 6-48

（2）将鼠标指针移至矩形框的任意一点，当鼠标指针呈 、 、 或 状时，按住鼠标左键不放进行拖曳，可缩放文字对象，效果如图 6-49 所示。将鼠标指针移至矩形框的任意一点外侧，当鼠标指针呈 、 、 、 、 、 、 或 状时，按住鼠标左键不放进行拖曳，可旋转文字对象，效果如图 6-50 所示。

图 6-49　　　　　　　　　　　　　　　　　图 6-50

2. 编辑图形字幕

（1）在"节目"窗口中输入文字并设置文字属性后，效果如图 6-51 所示。选择"选择工具" ，选取文字，将鼠标指针移动至矩形框内，按住鼠标左键不放进行拖曳，可移动文字对象，效果如图 6-52 所示。

（2）将鼠标指针移至矩形框的任意一点，当鼠标指针呈↗、↔、↕或↘状时，按住鼠标左键不放进行拖曳，可缩放文字对象，效果如图 6-53 所示。将鼠标指针移至矩形框的任意一点外侧，当鼠标指针呈↗、↖、↶、↷、↩、↪或↺状时，按住鼠标左键不放进行拖曳，可旋转文字对象，效果如图 6-54 所示。

图 6-51

图 6-52

图 6-53

图 6-54

（3）将鼠标指针移至矩形框的锚点⊕处，当鼠标指针呈▶状时，按住鼠标左键不放将其拖曳到适当的位置，如图 6-55 所示。将鼠标指针移至矩形框的任意一点外侧，当鼠标指针呈↗、↖、↶、↷、↩、↺、↷或↺状时，按住鼠标左键不放进行拖曳，可以以锚点为中心旋转文字对象，效果如图 6-56 所示。

图 6-55

图 6-56

3. 编辑开放式字幕

（1）在"节目"窗口中预览开放式字幕，如图 6-57 所示。在"项目"面板中双击"开放式字幕"文件，打开"字幕"面板，设置字幕块位置为上方居中，如图 6-58 所示。

（2）在"节目"窗口中预览效果，如图 6-59 所示。在右侧设置水平和垂直位置，在"节目"窗口中预览效果，如图 6-60 所示。

图 6-57

图 6-58

图 6-59

图 6-60

6.2.2 设置字幕属性

在 Premiere Pro CC 2019 中，用户可以非常便捷地对字幕进行修饰，包括调整其位置、不透明度、字体、字体大小、颜色，以及为文字添加阴影等。

1. 在"旧版标题属性"面板中编辑传统字幕属性

在"旧版标题属性"面板的"变换"栏中可以对字幕或图形的不透明度、位置、高度、宽度、旋转等属性进行设置，如图 6-61 所示。在"属性"栏中可以对字幕的字体、字体大小、字距、扭曲等一些基本属性进行设置，如图 6-62 所示。"填充"栏主要用于设置字幕或图形的填充类型、颜色和不透明度等属性，如图 6-63 所示。

"描边"栏主要用于设置字幕或图形的描边效果，可以设置内描边和外描边，如图 6-64 所示。"阴影"栏用于添加阴影效果，如图 6-65 所示。"背景"栏用于设置字幕背景的填充类型、颜色和不透明度等属性，如图 6-66 所示。

图 6-61　　　　　　　　图 6-62　　　　　　　　图 6-63

图 6-64　　　　　　　　图 6-65　　　　　　　　图 6-66

2. 在"效果控件"面板中编辑图形字幕属性

在"效果控件"面板中展开"文本"选项，"源文本"栏用于设置字幕的字体、字体样式、字体大小、字距和行距等属性；"外观"栏用于设置填充、描边及阴影等属性，如图 6-67 所示。"变换"栏用于设置位置、缩放、旋转、不透明度、锚点等属性，如图 6-68 所示。

图 6-67　　　　　　　　　　图 6-68

3. 在"基本图形"面板中编辑图形字幕属性

"基本图形"面板最上方为文字图层和响应式设计，如图 6-69 所示。"对齐并变换"栏用于设置图形的对齐、位置、旋转及比例等属性；"主样式"栏用于设置图形的主样式，如图 6-70 所示。"文本"栏用于设置字幕的字体、字体样式、字体大小、字距和行距等属性；"外观"栏用于设置填充、描边及阴影等属性，如图 6-71 所示。

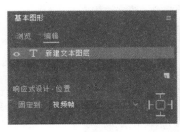

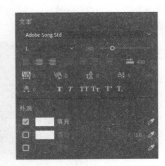

图 6-69　　　　　　　　　　图 6-70　　　　　　　　　　图 6-71

4. 在"字幕"面板中编辑开放式字幕属性

在"字幕"面板最上方可以筛选字幕内容、选择字幕流及帧数；中间部分为字幕属性设置区，可以设置字体、大小、边缘、对齐、颜色和字幕块位置等属性；下方显示字幕，可以设置入点和出点及输入字幕等；最下方为导入设置、添加字幕及删除字幕按钮，如图 6-72 所示。

图 6-72

6.2.3　课堂案例——特惠促销宣传片头

案例学习目标　创建并编辑文字。

案例知识要点

使用"文字工具"输入文字，使用"基本图形"面板添加并设置图形字幕，使用不同的过渡效果制作图像过渡。特惠促销宣传片头效果如图 6-73 所示。

效果所在位置　云盘\Ch06\特惠促销宣传片头\特惠促销宣传片头.prproj。

图 6-73

1. 导入素材并创建字幕

（1）启动 Premiere Pro CC 2019，选择"文件 > 新建 > 项目"命令，弹出"新建项目"对话框，如图 6-74 所示，单击"确定"按钮，新建项目。选择"文件 > 新建 > 序列"命令，弹出"新建序列"对话框，单击"设置"选项卡，设置如图 6-75 所示，单击"确定"按钮，新建序列。

图 6-74 　　　　　　　　　　　　　图 6-75

（2）选择"文件 > 导入"命令，弹出"导入"对话框，选择本书云盘中的"Ch06\特惠促销宣传片头\素材\01~07"文件，如图 6-76 所示。单击"打开"按钮，将素材文件导入"项目"面板中，如图 6-77 所示。

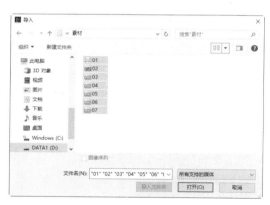

图 6-76 　　　　　　　　　　　　　图 6-77

（3）在"项目"面板中选择"01"文件并将其拖曳到"时间轴"面板的"视频 1（V1）"轨道中，弹出"剪辑不匹配警告"对话框，如图 6-78 所示。单击"保持现有设置"按钮，在保持现有序列设置的情况下将"01"文件放置在"视频 1（V1）"轨道中，如图 6-79 所示。

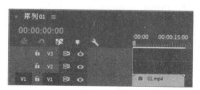

图 6-78 　　　　　　　　　　　　　图 6-79

（4）将时间标签放置在 08:00s 的位置。将鼠标指针放在
"01"文件的结束位置，当鼠标指针呈◀状时，向左拖曳鼠标指
针到时间标签的位置，如图 6-80 所示。

图 6-80

（5）选择"时间轴"面板"视频 1（V1）"轨道中的"01"
文件，如图 6-81 所示。将时间标签放置在 0s 的位置。选择"效
果控件"面板，展开"运动"选项，将"缩放"选项设置为 67.0，
如图 6-82 所示。

图 6-81

图 6-82

（6）将时间标签放置在 01:00s 的位置。选择"基本图形"面板，单击"编辑"选项卡，单击"新
建图层"按钮▣，在弹出的菜单中选择"文本"选项，如图 6-83 所示。在"时间轴"面板的"视频
2（V2）"轨道中生成"新建文本图层"文件，如图 6-84 所示。

图 6-83

图 6-84

（7）将鼠标指针放在"新建文本图层"文件的结束位置，当鼠标指针呈◀状时，向右拖曳鼠标指
针到"01"文件的结束位置，如图 6-85 所示。"节目"窗口中的效果如图 6-86 所示。

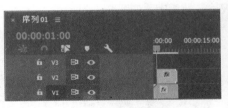

图 6-85

图 6-86

（8）在"节目"窗口中修改文字，效果如图 6-87 所示。在"基本图形"面板中选择"开学季"图层，"对齐并变换"栏中的设置如图 6-88 所示。

图 6-87

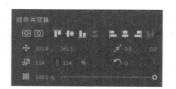
图 6-88

（9）在"基本图形"面板中，"文本"和"外观"栏的设置如图 6-89 所示。"节目"窗口中的效果如图 6-90 所示。选择"节目"窗口中的"学"字，如图 6-91 所示。在"基本图形"面板的"文本"栏中设置字体大小，"节目"窗口中的效果如图 6-92 所示。

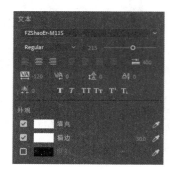
图 6-89

图 6-90

图 6-91

图 6-92

（10）选择"视频 2（V2）"轨道中的"开学季"图层，按 Ctrl+C 组合键，复制图层。单击"视频 1（V1）"和"视频 2（V2）"轨道左侧的"切换轨道锁定"按钮 🔒，锁定轨道，如图 6-93 所示。按 Ctrl+V 组合键，将文字图形粘贴到"视频 3（V3）"轨道中，如图 6-94 所示。

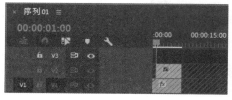
图 6-93

图 6-94

（11）单击"视频 1（V1）"和"视频 2（V2）"轨道左侧的"切换轨道锁定"按钮，解锁轨道，如图 6-95 所示。将时间标签放置在 01:00s 的位置，如图 6-96 所示。

图 6-95　　　　　　　　　　　　　　　　　图 6-96

（12）在"基本图形"面板中选择"开学季"图层，"对齐并变换"栏中的设置如图 6-97 所示。在"外观"栏中将"填充"选项设置为红色（230，55，58），"文本"和"外观"栏中的其他设置如图 6-98 所示。"节目"窗口中的效果如图 6-99 所示。选择"节目"窗口中的"学"字，在"基本图形"面板的"外观"栏中将"填充"选项设置为橘黄色（248，179，51），"节目"窗口中的效果如图 6-100 所示。

图 6-97　　　　　　　　　　　　　　　　　图 6-98

图 6-99　　　　　　　　　　　　　　　　　图 6-100

（13）选择"序列 > 添加轨道"命令，在弹出的"添加轨道"对话框中进行设置，如图 6-101 所示，单击"确定"按钮，完成轨道的添加。用上述方法制作其他文字，"节目"窗口中的效果如图 6-102 所示。

图 6-101　　　　　　　　　　　　　　　　　图 6-102

2. 添加素材并制作动画

（1）将时间标签放置在 04：00s 的位置。在"项目"面板中选择"02"文件并将其拖曳到"时间轴"面板的"视频 8（V8）"轨道中，如图 6-103 所示。将鼠标指针放在"02"文件的结束位置，当鼠标指针呈◀状时，向左拖曳鼠标指针到"07"文件的结束位置，如图 6-104 所示。

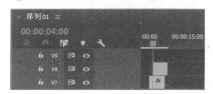
图 6-103

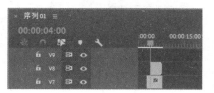
图 6-104

（2）选择"时间轴"面板"视频 8（V8）"轨道中的"02"文件。将时间标签放置在 04：01s 的位置。选择"效果控件"面板，展开"运动"选项，将"位置"选项设置为 1038.6 和 338.9，"缩放"选项设置为 0.0，单击"位置"和"缩放"选项左侧的"切换动画"按钮，如图 6-105 所示，记录第 1 个动画关键帧。

（3）将时间标签放置在 04：16s 的位置。将"位置"选项设置为 884.0 和 117.9，"缩放"选项设置为 120.0，如图 6-106 所示，记录第 2 个动画关键帧。

图 6-105

图 6-106

（4）将时间标签放置在 04：17s 的位置。在"项目"面板中选择"03"文件并将其拖曳到"时间轴"面板的"视频 9（V9）"轨道中，如图 6-107 所示。将鼠标指针放在"03"文件的结束位置，当鼠标指针呈◀状时，向左拖曳鼠标指针到"02"文件的结束位置，如图 6-108 所示。

图 6-107

图 6-108

（5）选择"时间轴"面板"视频 9（V9）"轨道中的"03"文件。选择"效果控件"面板，展开"运动"选项，将"位置"选项设置为 271.4 和 118.3，"缩放"选项设置为 20.0，单击"缩放"选项左侧的"切换动画"按钮，如图 6-109 所示，记录第 1 个动画关键帧。

（6）将时间标签放置在 05：08s 的位置。将"缩放"选项设置为 120.0，如图 6-110 所示，记录第 2 个动画关键帧。

图 6-109

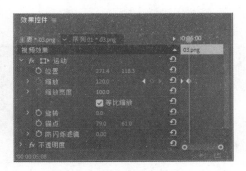
图 6-110

（7）在"项目"面板中选择"04"文件并将其拖曳到"时间轴"面板的"视频 10（V10）"轨道中。将鼠标指针放在"04"文件的结束位置，当鼠标指针呈 ◀ 状时，向左拖曳鼠标指针到"03"文件的结束位置，如图 6-111 所示。

（8）选择"时间轴"面板"视频 10（V10）"轨道中的"04"文件。选择"效果控件"面板，展开"运动"选项，将"位置"选项设置为 294.7 和 428.7，"缩放"选项设置为 20.0，单击"缩放"选项左侧的"切换动画"按钮 ⭕，如图 6-112 所示，记录第 1 个动画关键帧。

图 6-111

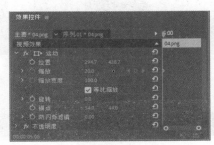
图 6-112

（9）将时间标签放置在 05:20s 的位置。将"缩放"选项设置为 120.0，如图 6-113 所示，记录第 2 个动画关键帧。用相同的方法在其他轨道中添加素材文件并制作动画，如图 6-114 所示。

图 6-113

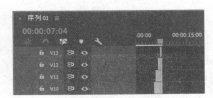
图 6-114

3. 添加视频过渡

（1）选择"效果"面板，展开"视频过渡"分类选项，单击"划像"文件夹左侧的三角形按钮 ▶ 将其展开，选择"圆划像"效果，如图 6-115 所示。将"圆划像"效果拖曳到"时间轴"面板"视频 2（V2）"轨道中的"开学季"文件的开始位置，如图 6-116 所示。

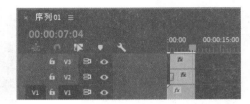

图 6-115　　　　　　　　　　　　　　　　　图 6-116

（2）将"圆划像"效果拖曳到"时间轴"面板"视频 3（V3）"轨道中的"开学季"文件的开始位置，如图 6-117 所示。用相同的方法为其他轨道中的文件添加视频过渡，如图 6-118 所示。特惠促销宣传片头制作完成。

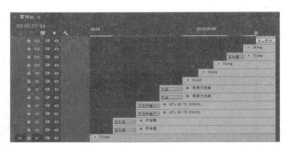

图 6-117　　　　　　　　　　　　　　　　　图 6-118

6.3　创建运动字幕

在观看电影时，经常会看到影片的开头和结尾都有滚动文字，显示导演与演员的姓名等，或是影片中出现人物对白的文字。这些文字可以通过视频编辑软件添加到视频画面中。Premiere Pro CC 2019 提供了垂直滚动和横向滚动字幕效果。

6.3.1　创建垂直滚动字幕

创建垂直滚动字幕的具体操作步骤如下。

1. 在"字幕"面板中创建垂直滚动字幕

（1）启动 Premiere Pro CC 2019，在"项目"面板中导入素材文件并将其添加到"时间轴"面板的视频轨道中。

（2）选择"文件 > 新建 > 旧版标题"命令，弹出"新建字幕"对话框，单击"确定"按钮。

（3）选择"旧版标题工具"面板中的"文字工具" T，在"字幕"面板中拖曳出一个文本框，输入需要的文字并对属性进行相应的设置，如图 6-119 所示。

（4）在"字幕"面板中单击"滚动/游动选项"按钮，在弹出的对话框中选中"滚动"单选项，在"定时（帧）"栏中勾选"开始于屏幕外"和"结束于屏幕外"复选框，如图 6-120 所示，单击"确定"按钮。

图 6-119　　　　　　　　　　　　　　　　图 6-120

（5）制作的字幕会自动保存在"项目"面板中。从"项目"面板中将新建的字幕添加到"时间轴"面板的"视频 2（V2）"轨道中，并将其调整为与"03"文件等长，如图 6-121 所示。

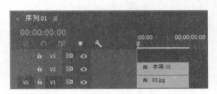

图 6-121

（6）单击"节目"窗口下方的"播放－停止切换"按钮 ▶ / ■ ，即可预览字幕的垂直滚动效果，如图 6-122 和图 6-123 所示。

图 6-122　　　　　　　　　　　　　　　图 6-123

2．在"基本图形"面板中创建垂直滚动字幕

在"基本图形"面板中取消文字图层的选取状态，如图 6-124 所示。勾选"滚动"复选框，在弹出的选项中进行设置，可以创建垂直滚动字幕，如图 6-125 所示。

图 6-124　　　　　　　　　　　　图 6-125

6.3.2　创建横向滚动字幕

创建横向滚动字幕与创建垂直滚动字幕的操作基本相同，其具体操作步骤如下。

（1）启动 Premiere Pro CC 2019，在"项目"面板中导入素材文件并将其添加到"时间轴"面板中的视频轨道中。

（2）选择"文件 > 新建 > 旧版标题"命令，弹出"新建字幕"对话框，单击"确定"按钮。

（3）选择"旧版标题工具"面板中的"文字工具" **T**，在"字幕"面板中单击并输入需要的文字，设置字幕样式和属性，如图 6-126 所示。

（4）单击"字幕"面板左上方的"滚动/游动选项"按钮，在弹出的对话框中选中"向左游动"单选项，如图 6-127 所示，单击"确定"按钮。

图 6-126　　　　　　　　　　　　　　　　　　　图 6-127

（5）制作的字幕会自动保存在"项目"面板中。从"项目"面板中将新建的字幕添加到"时间轴"面板的"视频 2（V2）"轨道中，如图 6-128 所示。选择"效果"面板，展开"视频效果"分类选项，单击"键控"文件夹左侧的三角形按钮将其展开，选择"轨道遮罩键"效果，如图 6-129 所示。

（6）将"轨道遮罩键"效果拖曳到"时间轴"面板"视频 1（V1）"轨道中的"03"文件上。选择"效果控件"面板，展开"轨道遮罩键"选项，设置如图 6-130 所示。

图 6-128　　　　　　　　　　图 6-129　　　　　　　　　　图 6-130

（7）单击"节目"窗口下方的"播放-停止切换"按钮 **▶**/**■**，即可预览字幕的横向滚动效果，如图 6-131 和图 6-132 所示。

图 6-131　　　　　　　　　　　　　　　　　图 6-132

6.4　课堂练习——海鲜火锅宣传广告

练习知识要点

使用"导入"命令导入素材文件，使用"旧版标题"命令创建字幕，使用"字幕"面板添加文字，使用"旧版标题属性"面板编辑字幕，使用"效果控件"面板调整素材的位置、缩放比例和不透明度。海鲜火锅宣传广告效果如图 6-133 所示。

效果所在位置　云盘\Ch06\海鲜火锅宣传广告\海鲜火锅宣传广告.prproj。

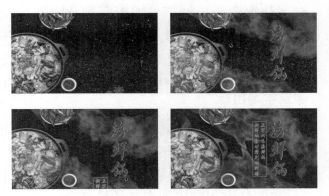

图 6-133

6.5　课后习题——夏季女装上新广告

习题知识要点

使用"导入"命令导入素材文件，使用"字幕"命令创建字幕，使用"球面化"效果制作文字动画效果。夏季女装上新广告效果如图 6-134 所示。

效果所在位置　云盘\Ch06\夏季女装上新广告\夏季女装上新广告.prproj。

图 6-134

第 7 章
加入音频

本章对音频及音频效果的应用与编辑进行介绍，重点讲解音轨混合器、调节与编辑音频及添加音频效果等操作。通过对本章内容的学习，读者可以完全掌握在 Premiere Pro CC 2019 中添加音频的方法和技巧。

课堂学习目标

- ✔ 了解"音轨混合器"面板的使用方法。
- ✔ 熟练掌握调节音频的方法。
- ✔ 掌握编辑音频的技巧。
- ✔ 掌握分离和链接视音频的技巧。
- ✔ 掌握音频效果的添加和设置方法。

7.1 关于音频

Premiere Pro CC 2019 的音频使用功能十分强大，不仅可以编辑音频素材、添加音效、单声道混音、制作立体声和 5.1 环绕声，还可以使用"时间轴"面板进行音频的合成操作。同时软件还提供了一些处理方法，便于制作声音的摇摆和声音的渐变效果等。

在 Premiere Pro CC 2019 中处理音频素材主要有以下 3 种方式。

（1）在"时间轴"面板的音频轨道中通过修改关键帧的方式对音频素材进行操作，如图 7-1 所示。

（2）使用菜单中的相应命令来编辑所选的音频素材，如图 7-2 所示。

图 7-1

图 7-2

（3）在"效果"面板中，可以为音频素材添加各种音频效果，如图 7-3 所示。

选择"编辑 > 首选项 > 音频"命令，弹出"首选项"对话框，可以对音频素材的属性进行初始设置，如图 7-4 所示。

图 7-3

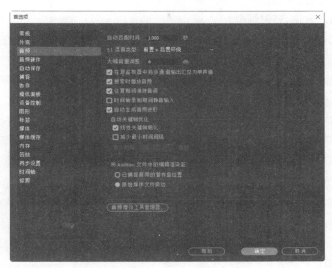

图 7-4

7.2 音轨混合器

Premiere Pro CC 2019 大大加强了其处理音频的能力，功能也更加专业化。使用"音轨混合器"面板可以更加有效地调节节目的音频，如图 7-5 所示。

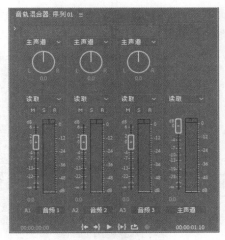

图 7-5

"音轨混合器"面板可以实时混合"时间轴"面板中各轨道的音频对象，还可以选择相应的音频控制器进行调节。

7.2.1 认识"音轨混合器"面板

"音轨混合器"由若干个轨道音频控制器、主音频控制器和播放控制器组成，每个控制器均可使用控制按钮和音量调节滑杆调节音频。

1. 轨道音频控制器

"音轨混合器"面板中的轨道音频控制器用于调节其相对轨道上的音频对象，控制器 1 对应"音频 1（A1）"、控制器 2 对应"音频 2（A2）"，依此类推。轨道音频控制器的数目由"时间轴"面板中的音频轨道数目决定，当在"时间轴"面板中添加音频时，"音轨混合器"面板中将自动添加一个轨道音频控制器与其对应。

轨道音频控制器由控制按钮、声音调节滑轮及音量调节滑杆组成。

（1）控制按钮。轨道音频控制器中的控制按钮可以设置音频调节时的状态，如图 7-6 所示。

单击"静音轨道"按钮 M，可将该轨道音频设置为静音状态。

单击"独奏轨道"按钮 S，其他轨道音频会被自动设置为静音状态。

激活"启用轨道以进行录制"按钮 R，可以利用输入设备将声音录制到目标轨道上。

（2）声音调节滑轮。如果对象为双声道音频，可以使用声音调节滑轮调节播放声道，如图 7-7 所示。向左拖曳滑轮，输出到左声道（L）；向右拖曳滑轮，输出到右声道（R）。

图 7-6

图 7-7

（3）音量调节滑杆。音量调节滑杆可以控制当前轨道音频对象的音量，Premiere Pro CC 2019以分贝数显示音量，如图 7-8 所示。向上拖曳滑块，可以增大音量；向下拖曳滑块，可以减小音量。下方数值栏显示当前音量，也可直接在数值栏中输入声音分贝数。播放音频时，面板左侧为音量表，显示音频播放时的音量大小；音量表顶部的小方块显示系统所能处理的音量极限，当方块显示为红色时，表示该音频的音量超过极限，音量过大。

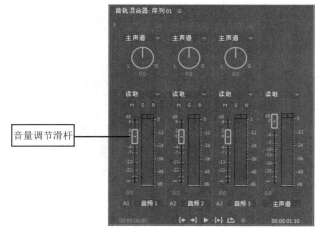

图 7-8

使用主音频控制器可以调节"时间轴"面板中所有轨道上的音频对象。主音频控制器的使用方法与轨道音频控制器相同。

2. 播放控制器

播放控制器用于音频播放，其使用方法与监视器窗口中的播放控制栏相同，如图 7-9 所示。

图 7-9

7.2.2　设置"音轨混合器"面板

单击"音轨混合器"面板左上方的 ≡ 按钮，在弹出的菜单中对面板进行相关设置，如图 7-10 所示。

（1）"显示/隐藏轨道"：选择此命令，弹出图 7-11 所示的对话框，可以对"音轨混合器"面板中的轨道进行隐藏或显示设置。

图 7-10

图 7-11

（2）"显示音频时间单位"：选择此命令，可以在时间标尺上以音频单位进行显示。

（3）"循环"：此命令在被选定的情况下，系统会循环播放音频。

7.3　调节音频

"时间轴"面板的每个音频轨道上都有音频淡化器，用户可通过音频淡化器调节音频素材的电平。音频淡化器初始状态为中低音量，相当于录音机表中的 0 dB。

在 Premiere Pro CC 2019 中，对音频的调节分为剪辑调节和轨道调节。对剪辑调节时，音频的改变仅对当前的音频剪辑有效，删除剪辑素材后，调节效果就消失了；而轨道调节仅针对当前音频轨道进行调节，所有在当前音频轨道上的音频素材都会在调节范围内受到影响。使用实时记录的时候，则只能针对音频轨道进行调节。

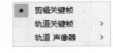

在音频轨道左侧单击"显示关键帧"按钮 ◎ ，在弹出的菜单中选择音频轨道的调节内容，如图 7-12 所示。

图 7-12

7.3.1　使用"时间轴"面板调节音频

（1）在默认情况下，音频轨道工具栏关闭，如图 7-13 所示。双击轨道左侧的空白处，展开音频轨道工具栏，如图 7-14 所示。

图 7-13

图 7-14

（2）选择"钢笔工具" 或"选择工具" ，拖曳音频素材（或轨道）上的白线即可调整音量，如图 7-15 所示。

（3）按住 Ctrl 键的同时，将鼠标指针移动到音频淡化器上，鼠标指针将变为带有加号的箭头，单击即可添加关键帧，如图 7-16 所示。

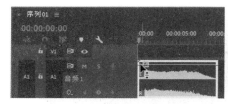
图 7-15

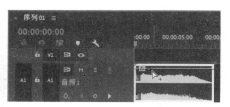
图 7-16

（4）根据需要添加多个关键帧。按住鼠标左键不放上下拖曳关键帧，关键帧之间的直线指示音频素材是淡入或者淡出：一条递增的直线表示音频淡入，另一条递减的直线表示音频淡出，如图 7-17 所示。

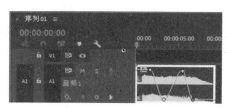
图 7-17

7.3.2　使用"音轨混合器"面板调节音频

使用 Premiere Pro CC 2019 的"音轨混合器"面板调节音量非常方便，用户可以在播放音频时实时进行音量调节。

使用"音轨混合器"面板调节音频的方法如下。

（1）在"时间轴"面板音频轨道的左侧单击"显示关键帧"按钮 ，在弹出的菜单中选择"轨道关键帧 ＞ 音量"选项。

（2）在"音轨混合器"面板上方将"自动模式"选项设置为"写入"，如图 7-18 所示。

（3）单击"播放–停止切换"按钮 ，"时间轴"面板中的音频素材开始播放。拖曳音量调节滑杆上的滑块调节音量，调节完成后，系统自动记录结果，如图 7-19 所示。

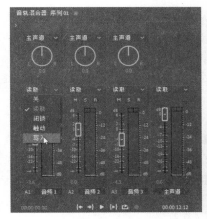
图 7-18

图 7-19

7.4 编辑音频

将所需要的音频导入"项目"面板后，可以对音频素材进行编辑。本节介绍对音频素材的编辑处理和各种操作方法。

7.4.1 调整速度和持续时间

与视频素材的编辑一样，在应用音频素材时，也可以对其播放速度和时间长度进行设置。具体操作步骤如下。

（1）选择要调整的音频素材。选择"剪辑 > 速度/持续时间"命令，弹出"剪辑速度/持续时间"对话框，对音频素材的速度及持续时间进行调整，如图 7-20 所示，单击"确定"按钮。

（2）在"时间轴"面板中直接拖曳音频的边缘，可改变音频轨道上音频素材的长度。也可选择"剃刀工具" ，将音频素材多余的部分切除掉，如图 7-21 所示。

图 7-20

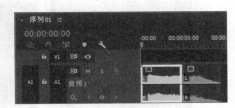
图 7-21

7.4.2 音频增益

音频增益指的是音频信号的声调高低。当一个视频片段同时拥有几个音频素材时，就需要平衡素材的增益。因为如果一个素材的音频信号太高或太低，就会严重影响播放时的音频效果。具体操作步骤如下。

（1）选择"时间轴"面板中需要调整的音频素材，如图 7-22 所示。

（2）选择"剪辑 > 音频选项 > 音频增益"命令，弹出"音频增益"对话框，如图 7-23 所示，下方的"峰值振幅"为软件自动计算的该素材的峰值振幅，可以作为调整增益的参考。

"将增益设置为"：选择此单选项，可以设置增益为特定值。该值始终会更新为当前增益，未选择状态也可显示。

"调整增益值"：选择此单选项，可以调整增益值。"将增益设置为"的值会根据此值自动更新。

"标准化最大峰值为"：选择此单选项，可以设置最大峰值振幅为低于 0.0 dB 的任何值。

"标准化所有峰值为"：选择此单选项，可以设置峰值振幅为低于 0.0 dB 的任何值。

（3）完成设置后，可以通过"源"监视器窗口查看处理后的音频波形变化，播放修改后的音频素材，试听音频效果。

图 7-22

图 7-23

7.4.3 课堂案例——动物世界宣传片

案例学习目标　编辑音频的重低音。

案例知识要点

使用"缩放"选项改变素材文件的大小，使用"色阶"效果调整图像亮度，使用"轨道关键帧"选项制作音频的淡入与淡出，使用"低通"效果制作音频的低音效果。动物世界宣传片效果如图 7-24所示。

效果所在位置　云盘\Ch07\动物世界宣传片\动物世界宣传片.prproj。

图 7-24

扫码观看
微课：动物世界
宣传片

1. 调整视频亮度

（1）启动 Premiere Pro CC 2019，选择"文件 > 新建 > 项目"命令，弹出"新建项目"对话框，如图 7-25 所示，单击"确定"按钮，新建项目。选择"文件 > 新建 > 序列"命令，弹出"新建序列"对话框，单击"设置"选项卡，设置如图 7-26 所示，单击"确定"按钮，新建序列。

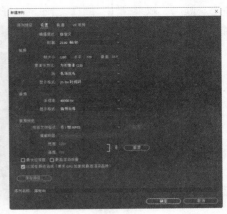

图 7-25　　　　　　　　　　　　　　　　图 7-26

（2）选择"文件 > 导入"命令，弹出"导入"对话框，选择本书云盘中的"Ch07\动物世界宣传片\素材\01~03"文件，如图 7-27 所示。单击"打开"按钮，将素材文件导入"项目"面板中，如图 7-28 所示。

图 7-27　　　　　　　　　　　　　　　　图 7-28

（3）在"项目"面板中选择"01"文件并将其拖曳到"时间轴"面板中的"视频 1（V1）"轨道中，弹出"剪辑不匹配警告"对话框，单击"保持现有设置"按钮，在保持现有序列设置的情况下将"01"文件放置在"视频 1（V1）"轨道中，如图 7-29 所示。选择"时间轴"面板中的"01"文件。选择"效果控件"面板，展开"运动"选项，将"位置"选项设置为 640.0 和 438.0，"缩放"选项设置为 163.0，如图 7-30 所示。

图 7-29　　　　　　　　　　　　　　　　图 7-30

（4）选择"效果"面板，展开"视频效果"分类选项，单击"调整"文件夹左侧的三角形按钮 ▶ 将其展开，选择"色阶"效果，如图 7-31 所示，将其拖曳到"时间轴"面板"视频 1（V1）"轨道中的"01"文件上。选择"效果控件"面板，展开"色阶"选项，将"(RGB)输入黑色阶"选项设置为 50，"(RGB)输入白色阶"选项设置为 196，其他设置如图 7-32 所示。

图 7-31 图 7-32

2. 制作音频低音效果

（1）在"项目"面板中选择"02"文件，将其拖曳到"时间轴"面板中的"音频 1（A1）"轨道中，如图 7-33 所示。将时间标签放置在 07:19s 的位置。在"音频 1（A1）"轨道上选择"02"文件，将鼠标指针放在"02"文件的结束位置，当鼠标指针呈 ◀ 状时，向左拖曳鼠标指针到 07:19s 的位置，如图 7-34 所示。

图 7-33 图 7-34

（2）将时间标签放置在 0s 的位置。选择"时间轴"面板中的"02"文件，按 Ctrl+C 组合键，复制文件。单击"音频 1（A1）"轨道的轨道标签，取消选取状态，如图 7-35 所示。按 Ctrl+V 组合键，将"02"文件粘贴到"音频 2（A2）"轨道中，如图 7-36 所示。

图 7-35 图 7-36

（3）在"音频 2（A2）"轨道中的"02"文件上单击鼠标右键，在弹出的快捷菜单中选择"重命名"命令，如图 7-37 所示。弹出"重命名剪辑"对话框，将"剪辑名称"选项设置为"低音效果"，如图 7-38 所示，单击"确定"按钮。

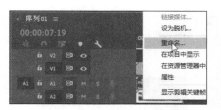

图 7-37 图 7-38

（4）将时间标签放置在 0s 的位置。在"音频 1（A1）"轨道左侧的"显示关键帧"按钮 上单击，在弹出的菜单中选择"轨道关键帧 > 音量"选项，如图 7-39 所示。单击"02"文件左侧的"添加-移除关键帧"按钮 ，添加第 1 个关键帧，将其拖曳至底部，如图 7-40 所示。

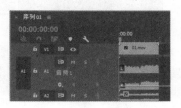

图 7-39 图 7-40

（5）将时间标签放置在 01:24s 的位置。单击"音频 1（A1）"轨道左侧的"添加-移除关键帧"按钮 ，如图 7-41 所示，添加第 2 个关键帧，将其拖曳至顶部，如图 7-42 所示。

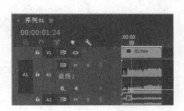

图 7-41 图 7-42

（6）将时间标签放置在 05:24s 的位置。单击"音频 1（A1）"轨道左侧的"添加-移除关键帧"按钮 ，如图 7-43 所示，添加第 3 个关键帧。将时间标签放置在 07:13s 的位置，单击"音频 1（A1）"轨道左侧的"添加-移除关键帧"按钮 ，添加第 4 个关键帧，将其拖曳至底部，如图 7-44 所示。选择"效果"面板，展开"音频效果"分类选项，选择"低通"效果，如图 7-45 所示。

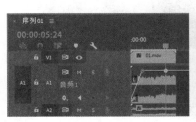

图 7-43 图 7-44 图 7-45

（7）将"低通"效果拖曳到"时间轴"面板"音频 2（A2）"轨道中的"低音效果"文件上，如图 7-46 所示。选择"效果控件"面板，展开"低通"选项，将"屏蔽度"选项设置为 400.0Hz，如图 7-47 所示。

图 7-46　　　　　　　　　　　　　　　　图 7-47

（8）选择"剪辑 > 音频选项 > 音频增益"命令，弹出"音频增益"对话框，将"将增益设置为"选项设置为 15dB，单击"确定"按钮，如图 7-48 所示。选择"音轨混合器"面板，播放试听最终音频效果，如图 7-49 所示。

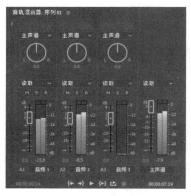

图 7-48　　　　　　　　　　　　　　　　图 7-49

（9）在"项目"面板中选择"03"文件，将其拖曳到"时间轴"面板中的"视频 2（V2）"轨道中，如图 7-50 所示。将鼠标指针放在"03"文件的结束位置，当鼠标指针呈 ◀ 状时，向右拖曳鼠标指针到"01"文件的结束位置，如图 7-51 所示。

图 7-50　　　　　　　　　　　　　　　　图 7-51

（10）选择"时间轴"面板中的"03"文件，如图 7-52 所示。选择"效果控件"面板，展开"运动"选项，将"位置"选项设置为 640.0 和 650.0，"缩放"选项设置为 188.0，如图 7-53 所示。动物世界宣传片制作完成。

图 7-52

图 7-53

7.5　分离和链接视音频

在影片编辑工作中，用户经常需要将"时间轴"面板中的视音频链接素材的视频和音频部分分离。用户可以完全取消或者暂时释放链接素材的链接关系并重新设置各部分。

Premiere Pro CC 2019 中音频素材和视频素材有两种链接关系：硬链接和软链接。如果链接的视频和音频来自一个影片文件，则它们是硬链接，"项目"面板中只显示一个素材，硬链接是在将素材导入 Premiere Pro CC 2019 之前建立的，在"时间轴"面板中显示为相同的颜色，如图 7-54 所示。软链接是在"时间轴"面板中建立的链接，用户可以在"时间轴"面板中为音频素材和视频素材建立软链接，软链接类似于硬链接，但链接的素材在"项目"面板中保持着各自的完整性，在"时间轴"面板中显示为不同的颜色，如图 7-55 所示。

图 7-54

图 7-55

如果要取消视音频的链接，可在轨道上选择对象，单击鼠标右键，在弹出的快捷菜单中选择"取消链接"命令即可，如图 7-56 所示。如果要把分离的视音频素材链接在一起作为一个整体进行操作，则只需要框选需要链接的视音频，单击鼠标右键，在弹出的快捷菜单中选择"链接"命令即可，如图 7-57 所示。

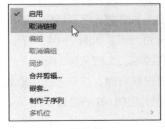

图 7-56

图 7-57

　　链接在一起的素材被断开后，分别移动音频和视频部分使其错位，然后再链接在一起，系统会在片段上标记警告并标识错位的时间，如图 7-58 所示，负值表示向前偏移，正值表示向后偏移。

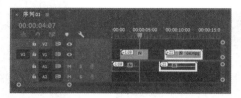

图 7-58

7.6　添加音频效果

　　Premiere Pro CC 2019 提供了 20 种以上的音频效果，可以使用这些效果制作回声、和声，以及去除噪音等，还可以使用扩展的插件来控制音频效果。

7.6.1　为素材添加音频效果

　　音频素材的音频效果添加方法与视频素材的视频效果添加方法相同，这里不再赘述。在"效果"面板中展开"音频效果"分类选项，选择音频效果拖曳到音频素材轨道中，并进行设置即可，如图 7-59所示；展开"音频过渡"分类选项，选择音频过渡拖曳到音频素材轨道中，并进行设置即可，如图 7-60所示。

图 7-59　　　　　　　　　　图 7-60

7.6.2　设置轨道效果

　　除了可以为轨道上的音频素材添加音频效果外，还可以直接为音频轨道添加音频效果。在"音轨混合器"面板中，单击左上方的"显示/隐藏效果和发送"按钮 ，展开目标轨道的效果设置栏，单击右侧设置栏上的"效果选择"按钮 ，弹出音频效果下拉列表，如图 7-61 所示，选择需要的音频效果即可。可以在同一个音频轨道上添加多个效果并分别控制，如图 7-62 所示。

　　若要调节轨道的音频效果，可以在音频效果上单击鼠标右键，在弹出的快捷菜单中选择"编辑"命令，如图 7-63 所示。在弹出的效果设置对话框中进行更加详细的设置，图 7-64 所示为"镶边"的详细调整对话框。

图 7-61

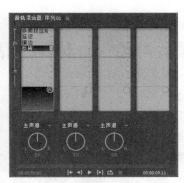

图 7-62

图 7-63

图 7-64

7.7 课堂练习——时尚音乐宣传片

练习知识要点

使用"导入"命令导入素材文件,使用"效果控件"面板调整素材文件的缩放比例,使用"速度/持续时间"命令调整音频,使用"平衡"效果调整音频的左右声道。时尚音乐宣传片效果如图 7-65 所示。

效果所在位置 云盘\Ch07\时尚音乐宣传片\时尚音乐宣传片. prproj。

图 7-65

扫 码 观 看
微课:时尚音乐
宣传片

7.8 课后习题——休闲生活宣传片

习题知识要点

使用"导入"命令导入素材文件，使用"效果控件"面板调整音频的淡入淡出效果。休闲生活宣传片效果如图 7-66 所示。

效果所在位置　云盘\ Ch07\休闲生活宣传片\休闲生活宣传片. prproj。

扫 码 观 看
微课：休闲生活
宣传片

图 7-66

第8章
文件输出

本章主要介绍Premiere Pro CC 2019 与项目最终输出有关的编码器、输出的项目类型与格式，以及相关的参数设置。通过对本章的学习，读者可以掌握渲染输出的方法和技巧。

课堂学习目标

✔ 了解可输出的文件格式。
✔ 掌握影片项目的预演方法。
✔ 熟练掌握输出参数的设置方法。
✔ 熟练掌握渲染输出各种格式文件的方法。

8.1 可输出的文件格式

Premiere Pro CC 2019 可以输出多种文件格式，包括视频格式、音频格式和图像格式等，下面进行详细介绍。

8.1.1 可输出的视频格式

Premiere Pro CC 2019 可以输出多种视频格式，常用的有以下几种。

（1）AVI：输出 AVI 格式的视频文件，适合保存高质量的视频文件，但文件较大。

（2）动画 GIF：输出 GIF 格式的动画文件，可以显示运动画面，但不包含音频部分。

（3）QuickTime：输出 MOV 格式的视频文件，用于 Windows 操作系统和 Mac OS 上的视频文件，适合在网上下载此格式文件。

（4）H.264：输出 MP4 格式的视频文件，适合输出高清视频和录制蓝光光盘。

（5）Windows Media：输出 WMV 格式的视频文件，适合在网络和移动平台发布。

8.1.2 可输出的音频格式

Premiere Pro CC 2019 可以输出多种音频格式，常用的有以下几种。

（1）波形音频：输出 WAV 格式的音频文件，只输出影片的声音，适合发布在各平台。

（2）AIFF：输出 AIFF 格式的音频文件，适合发布在剪辑平台。

此外，Premiere Pro CC 2019 还可以输出 QuickTime 格式的音频文件。

8.1.3　可输出的图像格式

Premiere Pro CC 2019 可以输出多种图像格式，其主要输出的图像格式有 Targa、TIFF 和 BMP 等。

8.2　影片项目的预演

影片预演是影片编辑过程中检查编辑效果的重要手段，它实际上也属于影片编辑工作的一部分。影片预演分为两种，一种是实时预演，另一种是生成预演，下面分别进行讲解。

8.2.1　影片实时预演

实时预演也称实时预览，即平时所说的预览。影片实时预演的具体操作步骤如下。

（1）影片编辑制作完成后，在"时间轴"面板中将时间标签拖曳至需要预演的片段开始位置，如图 8-1 所示。

（2）在"节目"监视器窗口中单击"播放-停止切换"按钮，系统开始播放影片，在"节目"监视器窗口中预览影片的最终效果，如图 8-2 所示。

图 8-1　　　　　　　　　　　　　　　图 8-2

8.2.2　生成影片预演

与实时预演不同的是，生成影片预演不是使用显卡对画面进行实时预演，而是计算机的 CPU 对画面进行运算，先生成预演文件，然后再播放。生成预演播放的画面是平滑的，不会产生停顿或跳跃，所表现出来的画面效果和渲染输出的效果是完全一致的。生成影片预演的具体操作步骤如下。

（1）影片编辑制作完成后，在适当的位置标记入点和出点，以确定要生成影片预演的范围，如图 8-3 所示。

（2）选择"序列 > 渲染入点到出点"命令，系统将开始进行渲染，并弹出"渲染"对话框显示渲染进度，如图 8-4 所示。

（3）在"渲染"对话框中单击"渲染详细信息"选项左侧的▶按钮，可以查看渲染的开始时间、已用时间和可用磁盘空间等详细信息。

（4）渲染结束后，系统会自动播放该影片，在"时间轴"面板中，预演部分将会显示绿色线条，其他部分则保持为黄色线条，如图 8-5 所示。

图 8-3   图 8-4   图 8-5

（5）如果预先设置了预演文件的保存路径，可以在计算机的硬盘中找到预演生成的临时文件，如图 8-6 所示。双击该文件，则可以脱离 Premiere Pro CC 2019 播放影片，如图 8-7 所示。

图 8-6   图 8-7

生成的预演文件可以重复使用，用户下一次预演该影片时会自动使用该预演文件。在关闭该项目文件时，如果不进行保存，预演生成的临时文件会被自动删除；如果用户在修改预演区域片段后再次预演，就会重新渲染并生成新的预演临时文件。

8.3   输出参数的设置

Premiere Pro CC 2019 既可以将影片输出为用于电影院或电视中播放的录像带，也可以输出为通过网络传输的网络流媒体格式，还可以输出为可以制作 VCD 或 DVD 光盘的 AVI 文件等。但无论输出的是何种类型，在输出文件之前，都必须合理地设置相关的输出参数，使输出的影片达到理想的效果。

8.3.1   输出选项

影片制作完成后即可输出，在输出影片之前，可以设置一些基本参数，其具体操作步骤如下。

（1）在"时间轴"面板中选择需要输出的视频序列，选择"文件 > 导出 > 媒体"命令，在弹出的对话框中进行设置，如图 8-8 所示。

（2）在对话框右侧的选项区域中设置文件的格式及输出区域等选项。

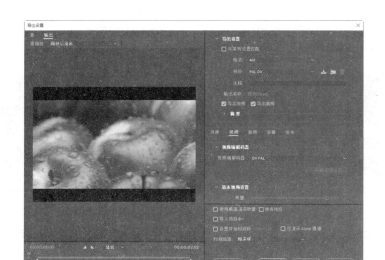

图 8-8

1. 文件类型

用户可以将输出的影片设置为不同的格式，以便适应不同的需要。在"格式"下拉列表中，可以输出的媒体格式如图 8-9 所示。

在 Premiere Pro CC 2019 中，默认的输出文件类型或格式主要有以下几种。

（1）如果要输出为基于 Windows 操作系统的视频文件，则选择"AVI"（Windows 格式的视频格式）选项。

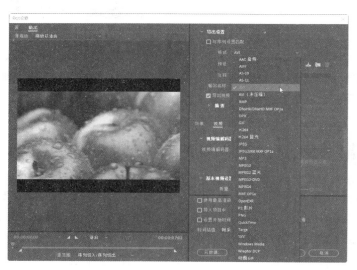

图 8-9

（2）如果要输出为基于 Mac OS 的视频文件，则选择"QuickTime"（MAC 视频格式）选项。

（3）如果要输出为 GIF 动画，则选择"动画 GIF"选项，即输出的文件连续存储了视频的每一帧，这种格式支持在网页上以动画形式显示，但不支持声音播放。若选择"GIF"选项，则只能输出为单帧的静态图像序列。

（4）如果只是输出为 WMV 格式的影片声音文件，则选择"Windows Media"选项。

2. 输出视频

勾选"导出视频"复选框，可输出整个编辑项目的视频部分；若取消勾选，则不能输出视频部分。

3. 输出音频

勾选"导出音频"复选框，可输出整个编辑项目的音频部分；若取消勾选，则不能输出音频部分。

8.3.2 "视频"选项区域

在"视频"选项区域中，可以为输出的视频指定使用的格式、品质及尺寸等相关的选项参数，如图 8-10 所示。

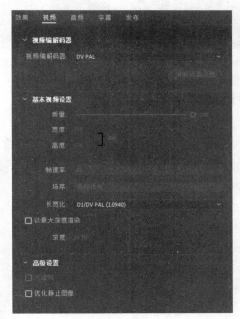

图 8-10

"视频"选项区域中各主要选项的含义如下。

"视频编解码器"：通常视频文件的数据量很大，为了减少所占的磁盘空间，在输出时可以对文件进行压缩。在该选项的下拉列表中选择需要的压缩方式，如图 8-11 所示。

"质量"：用于设置影片的压缩品质，通过拖曳品质的百分比滑块来设置。

"宽度"/"高度"：用于设置影片的尺寸。我国使用 PAL 制，分别设置为 720 和 576。

"帧速率"：用于设置每秒播放画面的帧数，提高帧速率会使画面播放得更流畅。

"场序"：用于设置影片的场扫描方式，有逐行、高场优先和低场优先 3 种方式。

"长宽比"：用于设置视频制式的画面比。单击该选项右侧的按钮，在弹出的下拉列表中选择需要的选项，如图 8-12 所示。

"以最大深度渲染"：勾选此复选框，可以提高视频质量，但会增加编码时间。

"关键帧"：勾选此复选框，可以指定在导出视频中插入关键帧的频率。

"优化静止图像"：勾选此复选框，可以将序列中的静止图像渲染为单个帧，有助于减小导出的视频文件大小。

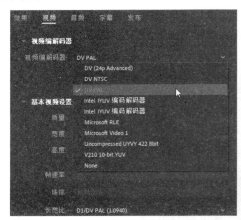

图 8-11　　　　　　　　　　　　　　图 8-12

8.3.3　"音频"选项区域

在"音频"选项区域中，可以为输出的音频指定使用的压缩方式、采样率及量化指标等相关的选项参数，如图 8-13 所示。

"音频"选项区域中各主要选项的含义如下。

"音频格式"：选择音频导出的格式。

"音频编解码器"：为输出的音频选择合适的压缩方式进行压缩。Premiere Pro CC 2019 默认的选项是"无压缩"。

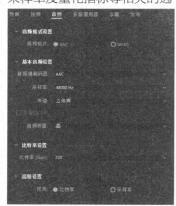

"采样率"：设置输出音频时所使用的采样率。采样率越高，音频播放时的质量越好，但所需的磁盘空间越大，占用的处理时间越长。

"声道"：在该选项的下拉列表中可以为音频选择单声道或立体声。

"音频质量"：设置输出音频的质量。

"比特率"：可以选择音频编码所用的比特率。比特率越高，音频质量越好。

图 8-13

"优先"：选择"比特率"单选项，将基于所选的比特率限制采样率；选择"采样率"单选项，将限制指定采样率的比特率值。

8.4　渲染输出各种格式文件

在 Premiere Pro CC 2019 中可以渲染输出多种格式文件，从而使视频剪辑更加方便灵活。本节重点介绍各种常用格式渲染输出的方法。

8.4.1　输出单帧图像

在视频编辑中，可以将画面的某一帧输出，以便给视频动画制作定格效果。在 Premiere Pro CC

2019 中输出单帧图像的具体操作步骤如下。

（1）在"时间轴"面板中添加一段视频文件。选择"文件 > 导出 > 媒体"命令，弹出"导出设置"对话框，在"格式"下拉列表中选择"TIFF"选项，在"输出名称"文本框中输入文件名并设置文件的保存路径，勾选"导出视频"复选框，在"视频"选项区域中取消勾选"导出为序列"复选框，其他参数保持默认状态，如图 8-14 所示。

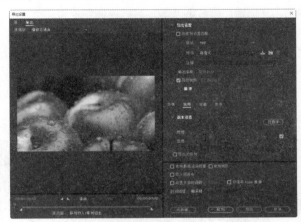

图 8-14

（2）单击"导出"按钮，导出时间标签位置的单帧图像。

8.4.2　输出音频

在 Premiere Pro CC 2019 中，可以将影片中的一段声音或影片中的歌曲制作成音乐光盘等文件。输出音频的具体操作步骤如下。

（1）在"时间轴"面板中添加一个有声音的视频文件或打开一个有声音的项目文件。选择"文件 > 导出 > 媒体"命令，弹出"导出设置"对话框，在"格式"下拉列表中选择"MP3"选项，在"预设"下拉列表中选择"MP3 128kbps"选项，在"输出名称"文本框中输入文件名并设置文件的保存路径，勾选"导出音频"复选框，其他参数保持默认状态，如图 8-15 所示。

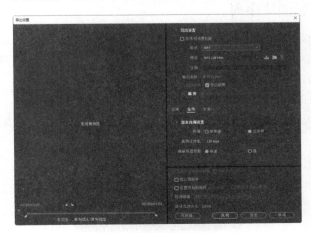

图 8-15

（2）单击"导出"按钮，导出音频。

8.4.3　输出影片

输出影片是最常用的输出方式。将编辑完成的项目文件以视频格式输出，可以输出编辑内容的全部或者某一部分，也可以只输出视频内容或者只输出音频内容，一般将全部的视频和音频一起输出。

下面以 AVI 格式为例，介绍输出影片的方法，其具体操作步骤如下。

（1）选择"文件 > 导出 > 媒体"命令，弹出"导出设置"对话框。

（2）在"格式"下拉列表中选择"AVI"选项。在"预设"下拉列表中选择"PAL DV"选项，如图 8-16 所示。

（3）在"输出名称"文本框中输入文件名并设置文件的保存路径，勾选"导出视频"复选框和"导出音频"复选框。

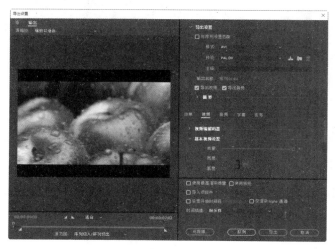

图 8-16

（4）设置完成后，单击"导出"按钮，即可导出 AVI 格式影片。

8.4.4　输出静态图片序列

在 Premiere Pro CC 2019 中，可以将视频输出为静态图片序列，也就是说，将视频画面的每一帧都输出为一张静态图片，这一系列图片的每一张都具有一个自动编号。这些输出的序列图片可用作 3D 软件中的动态贴图，并且可以移动和存储。

输出静态图片序列的具体操作步骤如下。

（1）在"时间轴"面板中添加一段视频文件，设定只输出视频的一部分内容，如图 8-17 所示。

图 8-17

（2）选择"文件 > 导出 > 媒体"命令，弹出"导出设置"对话框，在"格式"下拉列表中选择"TIFF"选项，在"输出名称"文本框中输入文件名并设置文件的保存路径，勾选"导出视频"复选框，在"视频"选项区域中必须勾选"导出为序列"复选框，其他参数保持默认状态，如图 8-18 所示。

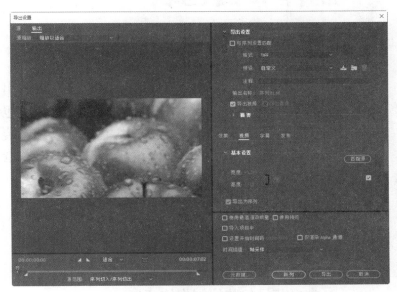

图 8-18

（3）单击"导出"按钮，导出静态图片序列文件。

第9章
制作节目包装

节目包装旨在确立节目的品牌地位，在突出节目特征和特点的同时，增强观众对节目的识别能力，使包装形式与节目有机地融为一体。本章以多类主题的节目包装为例，讲解节目包装的构思方法和制作技巧，读者学习本章后可以设计制作出赏心悦目、精美独特的节目包装。

课堂学习目标

- ✔ 了解节目包装的构成元素。
- ✔ 掌握节目包装的设计思路。
- ✔ 掌握节目包装的制作技巧。

9.1 花卉节目包装

9.1.1 案例分析

使用"导入"命令导入素材文件，使用"效果控件"面板编辑视频的大小，使用"交叉溶解"效果、"随机块"效果和"交叉缩放"效果制作视频之间的过渡效果。

9.1.2 案例设计

本案例设计的效果如图 9-1 所示。

扫 码 观 看
微课：花卉节目
包装

图 9-1

9.1.3　案例制作

（1）启动 Premiere Pro CC 2019，选择"文件>新建>项目"命令，弹出"新建项目"对话框，如图 9-2 所示，单击"确定"按钮，新建项目。选择"文件>新建>序列"命令，弹出"新建序列"对话框，单击"设置"选项卡，设置如图 9-3 所示，单击"确定"按钮，新建序列。

图 9-2　　　　　　　　　　　　　　　图 9-3

（2）选择"文件>导入"命令，弹出"导入"对话框，选择本书云盘中的"Ch09\花卉节目包装\素材\01～07"文件，如图 9-4 所示。单击"打开"按钮，将素材文件导入"项目"面板中，如图 9-5 所示。

图 9-4　　　　　　　　　　　　　　　图 9-5

（3）在"项目"面板中选择"01"文件并将其拖曳到"时间轴"面板中的"视频 1（V1）"轨道中，弹出"剪辑不匹配警告"对话框，单击"保持现有设置"按钮，在保持现有序列设置的情况下将"01"文件放置在"视频 1（V1）"轨道中，如图 9-6 所示。将时间标签放置在 05:00s 的位置。将鼠标指针放在"01"文件的结束位置并单击，显示编辑点。当鼠标指针呈 ◀▶ 状时，向左拖曳鼠标指针到 05:00s 的位置，如图 9-7 所示。

图 9-6　　　　　　　　　　　　　　　图 9-7

（4）选择"时间轴"面板中的"01"文件。选择"效果控件"面板，展开"运动"选项，将"缩放"选项设置为162.0，如图9-8所示。在"项目"面板中选择"02"文件并将其拖曳到"时间轴"面板中的"视频2（V2）"轨道中，如图9-9所示。

图9-8

图9-9

（5）将时间标签放置在01:15s的位置。将鼠标指针放在"02"文件的开始位置并单击，显示编辑点。当鼠标指针呈 状时，向右拖曳鼠标指针到01:15s的位置，如图9-10所示。选择"时间轴"面板中的"02"文件。选择"效果控件"面板，展开"运动"选项，将"位置"选项设置为640.0和191.0，"缩放"选项设置为0.0，单击"位置"和"缩放"选项左侧的"切换动画"按钮 ，如图9-11所示，记录第1个动画关键帧。

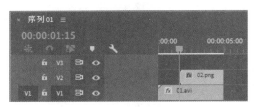

图9-10

图9-11

（6）将时间标签放置在03:10s的位置。将"位置"选项设置为640.0和303.0，"缩放"选项设置为100.0，如图9-12所示，记录第2个动画关键帧。将时间标签放置在04:15s的位置。将"位置"选项设置为640.0和380.0，"缩放"选项设置为180.0，如图9-13所示，记录第3个动画关键帧。

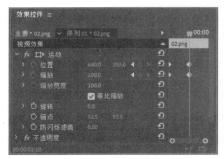

图9-12

图9-13

（7）将时间标签放置在 05:00s 的位置。在"项目"面板中选择"03"文件并将其拖曳到"时间轴"面板中的"视频 1（V1）"轨道中，如图 9-14 所示。选择"时间轴"面板中的"03"文件。选择"效果控件"面板，展开"运动"选项，将"缩放"选项设置为 162.0，如图 9-15 所示。

图 9-14　　　　　　　　　　　　　　图 9-15

（8）在"项目"面板中选择"04"文件并将其拖曳到"时间轴"面板中的"视频 2（V2）"轨道中，如图 9-16 所示。选择"时间轴"面板中的"04"文件。选择"效果控件"面板，展开"运动"选项，将"缩放"选项设置为 162.0，如图 9-17 所示。

图 9-16　　　　　　　　　　　　　　图 9-17

（9）将时间标签放置在 12:00s 的位置。在"项目"面板中选择"05"文件并将其拖曳到"时间轴"面板中的"视频 1（V1）"轨道中，如图 9-18 所示。选择"时间轴"面板中的"05"文件。选择"效果控件"面板，展开"运动"选项，将"缩放"选项设置为 162.0，如图 9-19 所示。

图 9-18　　　　　　　　　　　　　　图 9-19

（10）将时间标签放置在 15:00s 的位置。在"项目"面板中选择"06"文件并将其拖曳到"时间轴"面板中的"视频 2（V2）"轨道中，如图 9-20 所示。选择"时间轴"面板中的"06"文件。选择"效果控件"面板，展开"运动"选项，将"缩放"选项设置为 162.0，如图 9-21 所示。

图 9-20   图 9-21

（11）将时间标签放置在 19:00s 的位置。在"项目"面板中选择"07"文件并将其拖曳到"时间轴"面板中的"视频 1（V1）"轨道中，如图 9-22 所示。将时间标签放置在 22:00s 的位置。将鼠标指针放在"07"文件的结束位置并单击，显示编辑点。当鼠标指针呈◀状时，向左拖曳鼠标指针到 22:00s 的位置，如图 9-23 所示。

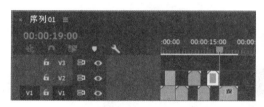

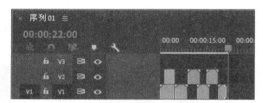

图 9-22   图 9-23

（12）选择"时间轴"面板中的"07"文件，如图 9-24 所示。选择"效果控件"面板，展开"运动"选项，将"缩放"选项设置为 162.0，如图 9-25 所示。

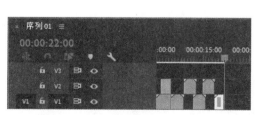

图 9-24   图 9-25

（13）选择"效果"面板，展开"视频过渡"分类选项，单击"溶解"文件夹左侧的三角形按钮▶将其展开，选择"交叉溶解"效果，如图 9-26 所示。将"交叉溶解"效果拖曳到"时间轴"面板"视频 1（V1）"轨道中的"03"文件的开始位置，如图 9-27 所示。

（14）选择"效果"面板，展开"视频过渡"分类选项，单击"擦除"文件夹左侧的三角形按钮▶

将其展开，选择"随机块"效果，如图 9-28 所示。将"随机块"效果拖曳到"时间轴"面板"视频
2（V2）"轨道中的"04"文件的结束位置，如图 9-29 所示。

图 9-26

图 9-27

图 9-28

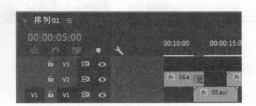

图 9-29

（15）选择"效果"面板，展开"视频过渡"分类选项，单击"缩放"文件夹左侧的三角形按钮▶，
将其展开，选择"交叉缩放"效果，如图 9-30 所示。将"交叉缩放"效果拖曳到"时间轴"面板"视
频 2（V2）"轨道中的"06"文件的开始位置，如图 9-31 所示。花卉节目包装制作完成。

图 9-30

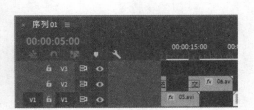

图 9-31

9.2　舞蹈比赛节目包装

9.2.1　案例分析

使用"导入"命令导入素材文件，使用"效果控件"面板编辑视频的大小，使用"速度/持续时

间"命令调整视频的速度，使用"波纹编辑工具"剪辑素材，使用"偏移"效果、"快速模糊入点"效果、"马赛克入点"效果及"镜头扭曲"效果制作视频效果，使用"基本图形"面板添加文字和图形并制作动画。

9.2.2 案例设计

本案例设计的效果如图 9-32 所示。

扫 码 观 看
微课：舞蹈比赛
节目包装 1

扫 码 观 看
微课：舞蹈比赛
节目包装 2

扫 码 观 看
微课：舞蹈比赛
节目包装 3

图 9-32

9.2.3 案例制作

1. 导入并剪辑素材

（1）启动 Premiere Pro CC 2019，选择"文件>新建>项目"命令，弹出"新建项目"对话框，如图 9-33 所示，单击"确定"按钮，新建项目。选择"文件>新建>序列"命令，弹出"新建序列"对话框，单击"设置"选项卡，设置如图 9-34 所示，单击"确定"按钮，新建序列。

图 9-33   图 9-34

（2）选择"文件>导入"命令，弹出"导入"对话框，选择本书云盘中的"Ch09\舞蹈比赛节目包装\素材\01～07"文件，如图 9-35 所示。单击"打开"按钮，将素材文件导入"项目"面板中，如图 9-36 所示。

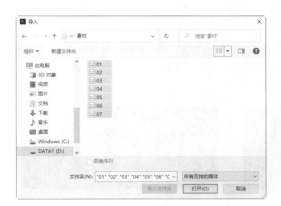

图 9-35   图 9-36

（3）在"项目"面板中选择"01"文件并将其拖曳到"时间轴"面板中的"视频1（V1）"轨道中，弹出"剪辑不匹配警告"对话框，单击"保持现有设置"按钮，在保持现有序列设置的情况下将"01"文件放置在"视频1（V1）"轨道中，如图9-37所示。

（4）将时间标签放置在02:00s的位置。将鼠标指针放在"01"文件的结束位置并单击，显示编辑点。当鼠标指针呈 ◀ 状时，向左拖曳鼠标指针到02:00s的位置，如图9-38所示。将时间标签放置在0s的位置，选择"时间轴"面板中的"01"文件。选择"效果控件"面板，展开"运动"选项，将"缩放"选项设置为67.0，如图9-39所示。

图 9-37   图 9-38   图 9-39

（5）将时间标签放置在02:00s的位置。在"项目"面板中选择"02"文件并将其拖曳到"时间轴"面板中的"视频1（V1）"轨道中，如图9-40所示。选择"时间轴"面板中的"02"文件。选择"剪辑>速度/持续时间"命令，在弹出的对话框中进行设置，如图9-41所示，单击"确定"按钮，调整素材文件。

图 9-40   图 9-41

（6）选择"波纹编辑工具" ◀▶，将鼠标指针放在"02"文件的开始位置并单击，显示编辑点。向右拖曳鼠标指针到 02:00s 的位置，如图 9-42 所示。将时间标签放置在 04:00s 的位置。将鼠标指针放在"02"文件的结束位置并单击，显示编辑点。向左拖曳鼠标指针到 04:00s 的位置，如图 9-43 所示。

图 9-42 图 9-43

（7）在"项目"面板中选择"03"文件并将其拖曳到"时间轴"面板中的"视频 1（V1）"轨道中，如图 9-44 所示。将时间标签放置在 06:05s 的位置。将鼠标指针放在"03"文件的结束位置并单击，显示编辑点。向左拖曳鼠标指针到 06:05s 的位置，如图 9-45 所示。

图 9-44 图 9-45

（8）在"项目"面板中选择"04"文件并将其拖曳到"时间轴"面板中的"视频 1（V1）"轨道中。将时间标签放置在 08:00s 的位置。将鼠标指针放在"04"文件的结束位置并单击，显示编辑点。向左拖曳鼠标指针到 08:00s 的位置，如图 9-46 所示。选择"时间轴"面板中的"04"文件。选择"效果控件"面板，展开"运动"选项，将"缩放"选项设置为 67.0，如图 9-47 所示。

图 9-46 图 9-47

（9）在"项目"面板中选择"05"文件并将其拖曳到"时间轴"面板中的"视频 1（V1）"轨道中。将时间标签放置在 10:00s 的位置。将鼠标指针放在"05"文件的结束位置并单击，显示编辑点。向左拖曳鼠标指针到 10:00s 的位置，如图 9-48 所示。

（10）在"项目"面板中选择"06"文件并将其拖曳到"时间轴"面板中的"视频 1（V1）"轨道中。将时间标签放置在 12:00s 的位置。将鼠标指针放在"06"文件的结束位置并单击，显示编辑点。向左拖曳鼠标指针到 12:00s 的位置，如图 9-49 所示。

图 9-48   图 9-49

2. 添加效果并制作动画

（1）将时间标签放置在 0s 的位置。选择"效果"面板，展开"视频效果"分类选项，单击"扭曲"文件夹左侧的三角形按钮将其展开，选择"偏移"效果，如图 9-50 所示。将"偏移"效果拖曳到"时间轴"面板"视频 1（V1）"轨道中的"01"文件上。

（2）选择"效果控件"面板，展开"偏移"选项，将"将中心移位至"选项设置为-158.0 和 540.0，单击"将中心移位至"选项左侧的"切换动画"按钮，如图 9-51 所示，记录第 1 个动画关键帧。

图 9-50   图 9-51

（3）将时间标签放置在 01:00s 的位置。将"将中心移位至"选项设置为 960.0 和 540.0，如图 9-52 所示，记录第 2 个动画关键帧。将时间标签放置在 06:05s 的位置。选择"效果"面板，展开"预设"分类选项，单击"模糊"文件夹左侧的三角形按钮将其展开，选择"快速模糊入点"效果，如图 9-53 所示。将"快速模糊入点"效果拖曳到"时间轴"面板"视频 1（V1）"轨道中的"04"文件上。

图 9-52   图 9-53

（4）将时间标签放置在 08:00s 的位置。选择"效果"面板，展开"预设"分类选项，单击"马赛克"文件夹左侧的三角形按钮将其展开，选择"马赛克入点"效果，如图 9-54 所示。将"马赛克入点"效果拖曳到"时间轴"面板"视频 1（V1）"轨道中的"05"文件上。

（5）将时间标签放置在 10:00s 的位置。选择"效果"面板，展开"视频效果"分类选项，单击"扭曲"文件夹左侧的三角形按钮▶将其展开，选择"镜头扭曲"效果，如图 9-55 所示。将"镜头扭曲"效果拖曳到"时间轴"面板"视频 1（V1）"轨道中的"06"文件上。

图 9-54 图 9-55

（6）选择"效果控件"面板，展开"镜头扭曲"选项，将"曲率"选项设置为-100，单击"曲率"选项左侧的"切换动画"按钮，如图 9-56 所示，记录第 1 个动画关键帧。将时间标签放置在 10:20s 的位置。将"曲率"选项设置为 0，如图 9-57 所示，记录第 2 个动画关键帧。在"时间轴"面板的空白处单击，取消文件的选取状态。

图 9-56 图 9-57

3. 添加图形、文字并制作动画

（1）将时间标签放置在 0s 的位置。选择"基本图形"面板，单击"编辑"选项卡，单击"新建图层"按钮，在弹出的菜单中选择"文本"选项。在"时间轴"面板中的"视频 2（V2）"轨道中生成"新建文本图层"文件，如图 9-58 所示。"节目"监视器窗口中的效果如图 9-59 所示。

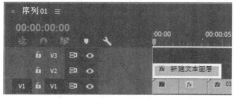

图 9-58 图 9-59

（2）在"节目"监视器窗口中选取并修改文字。在"基本图形"面板中选择"舞动"图层，"文本"栏中的设置如图 9-60 所示；"对齐并变换"栏中的设置如图 9-61 所示。"节目"监视器窗口中的效果如图 9-62 所示。

图 9-60　　　　　　　　　　　　图 9-61　　　　　　　　　　　　图 9-62

（3）选择"效果控件"面板，展开"运动"选项，将"位置"选项设置为 20.0 和 360.0，单击"位置"选项左侧的"切换动画"按钮 ⏱，如图 9-63 所示，记录第 1 个动画关键帧。将时间标签放置在 00:20s 的位置。将"位置"选项设置为 640.0 和 360.0，如图 9-64 所示，记录第 2 个动画关键帧。

图 9-63　　　　　　　　　　　　　　　　　　图 9-64

（4）将时间标签放置在 01:06s 的位置。将"位置"选项设置为 640.0 和 332.0，如图 9-65 所示，记录第 3 个动画关键帧。用圈选的方法将"位置"选项的关键帧选取，在关键帧上单击鼠标右键，在弹出的快捷菜单中选择"临时插值 > 贝塞尔曲线"命令，效果如图 9-66 所示。

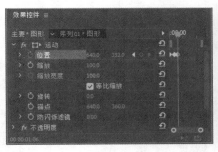

图 9-65　　　　　　　　　　　　　　　　　　图 9-66

（5）将鼠标指针放在"舞动"文件的结束位置并单击，显示编辑点。当鼠标指针呈 ◀┃ 状时，向左拖曳鼠标指针到"01"文件的结束位置，如图 9-67 所示。将时间标签放置在 0s 的位置。在"时间轴"面板的空白处单击，取消文件的选取状态，如图 9-68 所示。

图 9-67

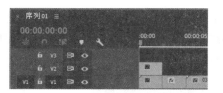

图 9-68

（6）选择"基本图形"面板，单击"编辑"选项卡，单击"新建图层"按钮■，在弹出的菜单中选择"文本"选项。在"时间轴"面板中的"视频 3（V3）"轨道中生成"新建文本图层"文件，如图 9-69 所示。将鼠标指针放在"新建文本图层"文件的结束位置并单击，显示编辑点。当鼠标指针呈◀状时，向左拖曳鼠标指针到"01"文件的结束位置，如图 9-70 所示。

图 9-69

图 9-70

（7）在"节目"监视器窗口中选取并修改文字。在"基本图形"面板中选择"人生"图层，"文本"栏中的设置如图 9-71 所示；"对齐并变换"栏中的设置如图 9-72 所示。"节目"监视器窗口中的效果如图 9-73 所示。

图 9-71

图 9-72

图 9-73

（8）选择"效果控件"面板，展开"运动"选项，将"位置"选项设置为 1294.0 和 360.0，单击"位置"选项左侧的"切换动画"按钮■，如图 9-74 所示，记录第 1 个动画关键帧。将时间标签放置在 00:20s 的位置。将"位置"选项设置为 640.0 和 360.0，如图 9-75 所示，记录第 2 个动画关键帧。

图 9-74

图 9-75

（9）将时间标签放置在 01:06s 的位置。将"位置"选项设置为 640.0 和 380.0，如图 9-76 所示，记录第 3 个动画关键帧。用圈选的方法将"位置"选项的关键帧选取，在关键帧上单击鼠标右键，在弹出的快捷菜单中选择"临时插值>贝塞尔曲线"命令，效果如图 9-77 所示。在"时间轴"面板的空白处单击，取消文件的选取状态。

图 9-76

图 9-77

（10）将时间标签放置在 03:05s 的位置。选择"基本图形"面板，单击"编辑"选项卡，单击"新建图层"按钮 ，在弹出的菜单中选择"矩形"选项，在"节目"监视器窗口中生成矩形，如图 9-78 所示。在"时间轴"面板中的"视频 2（V2）"轨道中生成"图形"文件，如图 9-79 所示。

图 9-78

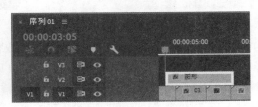

图 9-79

（11）将鼠标指针放在"图形"文件的结束位置并单击，显示编辑点。当鼠标指针呈 状时，向左拖曳鼠标指针到"02"文件的结束位置，如图 9-80 所示。在"节目"监视器窗口中调整矩形，效果如图 9-81 所示。

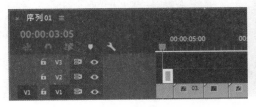

图 9-80

图 9-81

（12）选择"效果控件"面板，展开"形状(形状 01)"选项中的"变换"选项，将"位置"选项设置为 636.7 和 750.9，单击"位置"选项左侧的"切换动画"按钮 ，其他设置如图 9-82 所示，记录第 1 个动画关键帧。将时间标签放置在 04:00s 的位置。将"位置"选项设置为 636.7 和 409.9，如图 9-83 所示，记录第 2 个动画关键帧。

（13）将时间标签放置在 03:05s 的位置。按 Ctrl+C 组合键，复制图层。单击"视频 1（V1）"和"视频 2（V2）"轨道左侧的"切换轨道锁定"按钮 ，锁定轨道，如图 9-84 所示。按 Ctrl+V 组合键，将图形粘贴到"视频 3（V3）"轨道中，如图 9-85 所示。取消"视频 1（V1）"和"视频 2（V2）"轨道的锁定状态。

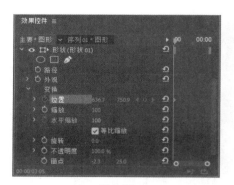

图 9-82

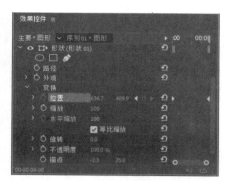

图 9-83

图 9-84

图 9-85

（14）将时间标签放置在 03:05s 的位置。选择"效果控件"面板，展开"形状(形状 01)"选项中的"变换"选项，将"位置"选项设置为 636.7 和-330.1，如图 9-86 所示，修改第 1 个动画关键帧。将时间标签放置在 04:00s 的位置。将"位置"选项设置为 636.7 和 22.9，如图 9-87 所示，修改第 2 个动画关键帧。在"时间轴"面板的空白处单击，取消文件的选取状态。

图 9-86

图 9-87

（15）将时间标签放置在 04:08s 的位置。选择"基本图形"面板，单击"编辑"选项卡，单击"新建图层"按钮 ，在弹出的菜单中选择"文本"选项。在"时间轴"面板中的"视频 2（V2）"轨道中生成"新建文本图层"文件，如图 9-88 所示。将鼠标指针放在"新建文本图层"文件的结束位置并单击，显示编辑点。当鼠标指针呈 状时，向左拖曳鼠标指针到"03"文件的结束位置，如图 9-89 所示。

（16）在"节目"监视器窗口中选取并修改文字。在"基本图形"面板中选择"舞蹈是……"图层，"文本"栏中的设置如图 9-90 所示；"对齐并变换"栏中的设置如图 9-91 所示。"节目"监视器窗口中的效果如图 9-92 所示。

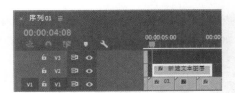
图 9-88

图 9-89

图 9-90

图 9-91

图 9-92

（17）选择"效果控件"面板，展开"运动"选项，将"位置"选项设置为 640.0 和 360.0，"缩放"选项设置为 0.0，单击"位置"和"缩放"选项左侧的"切换动画"按钮 ，如图 9-93 所示，记录第 1 个动画关键帧。将时间标签放置在 04∶22s 的位置。将"缩放"选项设置为 100.0，如图 9-94 所示，记录第 2 个动画关键帧。

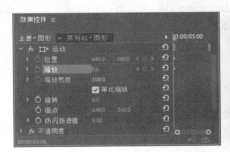
图 9-93

图 9-94

（18）将时间标签放置在 06∶02s 的位置。将"位置"选项设置为 843.0 和 360.0，如图 9-95 所示，记录第 3 个动画关键帧。在"时间轴"面板的空白处单击，取消文件的选取状态。将时间标签放置在 10∶06s 的位置。选择"基本图形"面板，单击"编辑"选项卡，单击"新建图层"按钮 ，在弹出的菜单中选择"文本"选项。在"时间轴"面板中的"视频 2（V2）"轨道中生成"新建文本图层"文件，如图 9-96 所示。

图 9-95

图 9-96

（19）将鼠标指针放在"新建文本图层"文件的结束位置并单击，显示编辑点。当鼠标指针呈◀状时，向左拖曳鼠标指针到"06"文件的结束位置，如图9-97所示。在"节目"监视器窗口中选取并修改文字，如图9-98所示。

图9-97   图9-98

（20）在"基本图形"面板中选择"舞者，舞动青春"图层，"文本"栏中的设置如图9-99所示；"对齐并变换"栏中的设置如图9-100所示。"节目"监视器窗口中的效果如图9-101所示。

图9-99   图9-100   图9-101

（21）选择"效果"面板，展开"视频效果"分类选项，单击"模糊与锐化"文件夹左侧的三角形按钮▶将其展开，选择"高斯模糊"效果，如图9-102所示。将"高斯模糊"效果拖曳到"时间轴"面板"视频2（V2）"轨道中的"舞者，舞动青春"文件上。

（22）选择"效果控件"面板，展开"高斯模糊"选项，将"模糊度"选项设置为400.0，单击"模糊度"选项左侧的"切换动画"按钮○，如图9-103所示，记录第1个动画关键帧。将时间标签放置在11:00s的位置。将"模糊度"选项设置为0.0，如图9-104所示，记录第2个动画关键帧。

图9-102   图9-103   图9-104

（23）将时间标签放置在0s的位置。在"项目"面板中选择"07"文件并将其拖曳到"时间轴"面板中的"音频1（A1）"轨道中，如图9-105所示。将鼠标指针放在"07"文件的结束位置并单击，显示编辑点。当鼠标指针呈◀状时，向左拖曳鼠标指针到"06"文件的结束位置，如图9-106所示。舞蹈比赛节目包装制作完成。

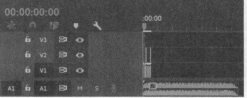

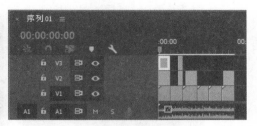

图 9-105　　　　　　　　　　　　　　图 9-106

9.3　旅游节目包装

9.3.1　案例分析

使用"导入"命令导入素材文件，使用"效果控件"面板编辑视频的大小并制作动画，使用"颜色平衡"效果、"高斯模糊"效果、"插入"效果和"色阶"效果制作视频效果，使用"基本图形"面板添加文字和图形并制作动画。

9.3.2　案例设计

本案例设计的效果如图 9-107 所示。

扫码观看
微课：旅游节目
包装

图 9-107

9.3.3　案例制作

（1）启动 Premiere Pro CC 2019，选择"文件>新建>项目"命令，弹出"新建项目"对话框，如图 9-108 所示，单击"确定"按钮，新建项目。选择"文件>新建>序列"命令，弹出"新建序列"对话框，单击"设置"选项卡，设置如图 9-109 所示，单击"确定"按钮，新建序列。

（2）选择"文件>导入"命令，弹出"导入"对话框，选择本书云盘中的"Ch09\旅游节目包装\素材\01~07"文件，如图 9-110 所示。单击"打开"按钮，将素材文件导入"项目"面板中，如图 9-111 所示。

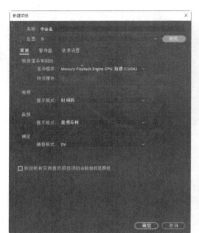

图 9-108

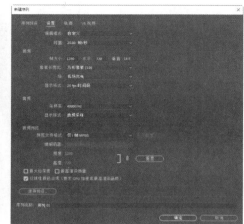

图 9-109

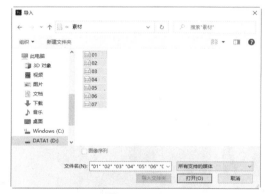

图 9-110

图 9-111

（3）在"项目"面板中选择"01"文件并将其拖曳到"时间轴"面板中的"视频 1（V1）"轨道中，弹出"剪辑不匹配警告"对话框，单击"保持现有设置"按钮，在保持现有序列设置的情况下将"01"文件放置在"视频 1（V1）"轨道中，如图 9-112 所示。将时间标签放置在 02:10s 的位置。将鼠标指针放在"01"文件的结束位置并单击，显示编辑点。按 E 键，将所选编辑点扩展到时间标签的位置，如图 9-113 所示。

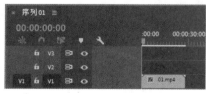

图 9-112

图 9-113

（4）选择"效果"面板，展开"视频效果"分类选项，单击"颜色校正"文件夹左侧的三角形按钮▶将其展开，选择"颜色平衡"效果，如图 9-114 所示。将"颜色平衡"效果拖曳到"时间轴"面板"视频 1（V1）"轨道中的"01"文件上。选择"效果控件"面板，展开"颜色平衡"选项，设置如图 9-115 所示。

图 9-114   图 9-115

（5）在"项目"面板中选择"02"文件并将其拖曳到"时间轴"面板中的"视频 1（V1）"轨道中。将时间标签放置在 05:00s 的位置。将鼠标指针放在"02"文件的结束位置并单击，显示编辑点。按 E 键，将所选编辑点扩展到时间标签的位置，如图 9-116 所示。将时间标签放置在 02:10s 的位置，在"时间轴"面板中选择"02"文件。选择"效果控件"面板，展开"运动"选项，将"缩放"选项设置为 67.0，如图 9-117 所示。

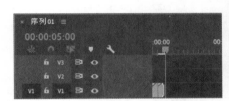

图 9-116   图 9-117

（6）在"项目"面板中选择"03"文件并将其拖曳到"时间轴"面板中的"视频 1（V1）"轨道中。在"时间轴"面板中选择"03"文件。选择"剪辑 > 速度/持续时间"命令，在弹出的对话框中进行设置，如图 9-118 所示，单击"确定"按钮。将时间标签放置在 06:00s 的位置。将鼠标指针放在"03"文件的结束位置并单击，显示编辑点。按 E 键，将所选编辑点扩展到时间标签的位置，如图 9-119 所示。

图 9-118   图 9-119

（7）在"项目"面板中选择"04"文件并将其拖曳到"时间轴"面板中的"视频 1（V1）"轨道中。在"时间轴"面板中选择"04"文件。选择"剪辑 > 速度/持续时间"命令，在弹出的对话框中进行设置，如图 9-120 所示，单击"确定"按钮。将时间标签放置在 07:00s 的位置。将鼠标指针放在"04"文件的结束位置并单击，显示编辑点。按 E 键，将所选编辑点扩展到时间标签的位置，如图 9-121 所示。

图 9-120

图 9-121

（8）在"项目"面板中选择"05"文件并将其拖曳到"时间轴"面板中的"视频 1（V1）"轨道中。在"时间轴"面板中选择"05"文件。选择"剪辑 > 速度/持续时间"命令，在弹出的对话框中进行设置，如图 9-122 所示，单击"确定"按钮。将时间标签放置在 08:00s 的位置。将鼠标指针放在"05"文件的结束位置并单击，显示编辑点。按 E 键，将所选编辑点扩展到时间标签的位置，如图 9-123 所示。

图 9-122

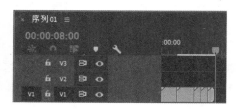

图 9-123

（9）在"项目"面板中选择"06"文件并将其拖曳到"时间轴"面板中的"视频 1（V1）"轨道中。在"时间轴"面板中选择"06"文件。将时间标签放置在 10:00s 的位置。将鼠标指针放在"06"文件的结束位置并单击，显示编辑点。按 E 键，将所选编辑点扩展到时间标签的位置，如图 9-124 所示。选择"效果"面板，展开"视频效果"分类选项，单击"颜色校正"文件夹左侧的三角形按钮▶将其展开，选择"颜色平衡"效果。将"颜色平衡"效果拖曳到"时间轴"面板"视频 1（V1）"轨道中的"06"文件上。选择"效果控件"面板，展开"颜色平衡"选项，设置如图 9-125 所示。

（10）选择"效果"面板，展开"视频效果"分类选项，单击"调整"文件夹左侧的三角形按钮▶将其展开，选择"色阶"效果，如图 9-126 所示。将"色阶"效果拖曳到"时间轴"面板"视频 1（V1）"轨道中的"06"文件上。选择"效果控件"面板，展开"色阶"选项，设置如图 9-127 所示。取消"06"文件的选取状态。

图 9-124

图 9-125

图 9-126

图 9-127

（11）将时间标签放置在 0s 的位置。选择"基本图形"面板，单击"编辑"选项卡，单击"新建图层"按钮，在弹出的菜单中选择"文本"选项。在"时间轴"面板中的"视频 2（V2）"轨道中生成"新建文本图层"文件，如图 9-128 所示。将鼠标指针放在"新建文本图层"文件的结束位置并单击，显示编辑点，向左拖曳鼠标指针到"01"文件的结束位置，如图 9-129 所示。

图 9-128

图 9-129

（12）"节目"监视器窗口中的文字如图 9-130 所示。选取并修改文字，效果如图 9-131 所示。

图 9-130

图 9-131

（13）选取"节目"监视器窗口中的文字，在"基本图形"面板中选择"旅游时刻"图层，"对齐并变换"栏中的设置如图 9-132 所示；"文本"栏中的设置如图 9-133 所示。"节目"监视器窗口中的效果如图 9-134 所示。

图 9-132　　　　　　　　图 9-133　　　　　　　　图 9-134

（14）选择"视频 2（V2）"轨道中的"旅游时刻"文件。选择"效果控件"面板，展开"运动"选项，将"缩放"选项设置为 1000.0，单击"缩放"选项左侧的"切换动画"按钮，如图 9-135 所示，记录第 1 个动画关键帧。将时间标签放置在 02:00s 的位置。将"缩放"选项设置为 100.0，如图 9-136 所示，记录第 2 个动画关键帧。

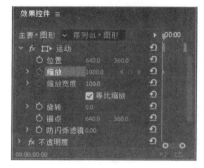
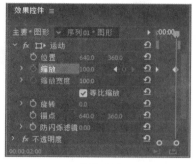

图 9-135　　　　　　　　　　　　　　图 9-136

（15）选择"效果"面板，展开"视频效果"分类选项，单击"模糊与锐化"文件夹左侧的三角形按钮将其展开，选择"高斯模糊"效果，如图 9-137 所示。将"高斯模糊"效果拖曳到"时间轴"面板"视频 2（V2）"轨道中的"图形"文件上。将时间标签放置在 0s 的位置。选择"效果控件"面板，展开"高斯模糊"选项，将"模糊度"选项设置为 20.0，单击"模糊度"选项左侧的"切换动画"按钮，如图 9-138 所示，记录第 1 个动画关键帧。将时间标签放置在 02:00s 的位置。将"模糊度"选项设置为 0.0，如图 9-139 所示，记录第 2 个动画关键帧。

图 9-137　　　　　　　　图 9-138　　　　　　　　图 9-139

（16）取消"时间轴"面板中"旅游时刻"文件的选取状态。将时间标签放置在 00:23s 的位置。选择"基本图形"面板，单击"编辑"选项卡，单击"新建图层"按钮，在弹出的菜单中选择"矩形"选项。在"时间轴"面板中的"视频 3（V3）"轨道中生成图形文件，如图 9-140 所示。将鼠标指针放在图形文件的结束位置并单击，显示编辑点，向左拖曳鼠标指针到"01"文件的结束位置，如图 9-141 所示。

 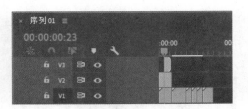

图 9-140   图 9-141

（17）"节目"监视器窗口中的矩形如图 9-142 所示。选取并调整矩形，移动矩形框的锚点⊕，效果如图 9-143 所示。

图 9-142   图 9-143

（18）在"基本图形"面板中选择"图形"图层，"对齐并变换"栏中的设置如图 9-144 所示。"节目"监视器窗口中的效果如图 9-145 所示。

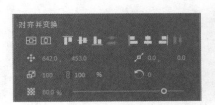 

图 9-144   图 9-145

（19）选择"视频 3（V3）"轨道中的"图形"文件。选择"效果控件"面板，展开"运动"选项，将"位置"选项设置为 640.0 和 633.0，单击"位置"选项左侧的"切换动画"按钮，如图 9-146 所示，记录第 1 个动画关键帧。将时间标签放置在 01:23s 的位置。将"位置"选项设置为 640.0 和 360.0，如图 9-147 所示，记录第 2 个动画关键帧。

图 9-146   图 9-147

（20）将时间标签放置在 00:23s 的位置。按 Ctrl+C 组合键，复制图层。单击"视频 1（V1）""视频 2（V2）""视频 3（V3）"轨道左侧的"切换轨道锁定"按钮，锁定轨道，如图 9-148 所示。

按 Ctrl+V 组合键，将"图形"文件粘贴到自动生成的"视频 4（V4）"轨道中，如图 9–149 所示。取消"视频 1（V1）""视频 2（V2）""视频 3（V3）"轨道的锁定状态。

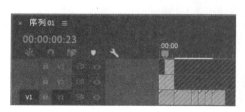

图 9-148

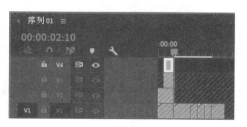

图 9-149

（21）将时间标签放置在 00:23s 的位置。选择"效果控件"面板，展开"形状(形状 01)"选项中的"变换"选项，将"位置"选项设置为 642.0 和−28.9，如图 9–150 所示。展开"运动"选项，将"位置"选项设置为 640.0 和 83.0，如图 9–151 所示，修改第 1 个动画关键帧。在"时间轴"面板的空白处单击，取消文件的选取状态。

图 9-150

图 9-151

（22）将时间标签放置在 02:19s 的位置。选择"基本图形"面板，单击"编辑"选项卡，单击"新建图层"按钮 ，在弹出的菜单中选择"文本"选项。在"时间轴"面板中的"视频 2（V2）"轨道中生成"新建文本图层"文件。将鼠标指针放在"新建文本图层"文件的结束位置并单击，显示编辑点，向左拖曳鼠标指针到"02"文件的结束位置，如图 9–152 所示。在"节目"监视器窗口中选取并修改文字，效果如图 9–153 所示。

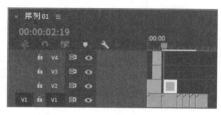

图 9-152

图 9-153

（23）选取"节目"监视器窗口中的文字，在"基本图形"面板中选择"一个人的旅行"图层，"对齐并变换"栏中的设置如图 9–154 所示；"文本"栏中的设置如图 9–155 所示。"节目"监视器窗口中的效果如图 9–156 所示。

图 9-154　　　　　　　　　　图 9-155　　　　　　　　　　图 9-156

（24）选择"效果控件"面板，展开"运动"选项，单击"位置"选项左侧的"切换动画"按钮，如图 9-157 所示，记录第 1 个动画关键帧。将时间标签放置在 04∶18s 的位置。将"位置"选项设置为 949.0 和 360.0，如图 9-158 所示，记录第 2 个动画关键帧。取消"一个人的旅行"文件的选取状态。用相同的方法创建其他图形和文字，并制作动画，如图 9-159 所示。

图 9-157　　　　　　　　　　　　　　　　　　图 9-158

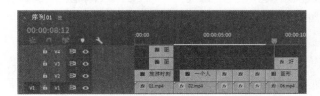

图 9-159

（25）选择"效果"面板，展开"视频过渡"分类选项，单击"擦除"文件夹左侧的三角形按钮将其展开，选择"插入"效果，如图 9-160 所示。将"插入"效果拖曳到"时间轴"面板"视频 2（V2）"轨道中的"图形"文件的开始位置，如图 9-161 所示。

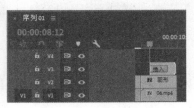

图 9-160　　　　　　　　　　图 9-161

（26）选择"视频 2（V2）"轨道中的"插入"效果，如图 9-162 所示。选择"效果控件"面板，将"持续时间"选项设置为 00∶00∶00∶15，如图 9-163 所示。

图 9-162

图 9-163

（27）在"项目"面板中，选中"07"文件并将其拖曳到"时间轴"面板中的"音频 1（A1）"轨道中，如图 9-164 所示。将鼠标指针放在"07"文件的结束位置并单击，显示编辑点。向左拖曳鼠标指针到"06"文件的结束位置，如图 9-165 所示。

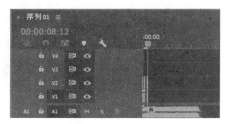

图 9-164

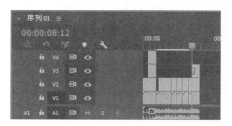

图 9-165

（28）将时间标签放置在 09:07s 的位置。选择"时间轴"面板中的"07"文件。选择"效果控件"面板，展开"音量"选项，单击"级别"选项右侧的"添加/移除关键帧"按钮 ，如图 9-166 所示，记录第 1 个动画关键帧。将时间标签放置在 09:21s 的位置。将"级别"选项设置为-999.0，如图 9-167 所示，记录第 2 个动画关键帧。旅游节目包装制作完成。

图 9-166

图 9-167

9.4 课堂练习——环球博览节目包装

练习知识要点

使用"旧版标题"命令和"字幕"面板添加并编辑文字，使用"效果控件"面板编辑视频的位置、缩放比例和不透明度制作动画，使用不同的过渡效果制作视频之间的过渡效果，使用"旋转扭曲"效果为 03 视频添加变形效果并制作动画，使用 "RGB 曲线" 效果调整 08 视频的色彩。环球博览节目包装效果如图 9-168 所示。

效果所在位置　云盘\Ch09\环球博览节目包装\环球博览节目包装. prproj。

扫码观看
微课：环球博览
节目包装

图 9-168

9.5　课后习题——节目预告片

习题知识要点

使用 "导入" 命令导入素材文件，使用 "旧版标题" 命令创建字幕，使用 "字幕" 面板添加文字并制作滚动字幕，使用 "旧版标题属性" 面板编辑字幕。节目预告片效果如图 9-169 所示。

效果所在位置　云盘\Ch09\节目预告片\节目预告片.prproj。

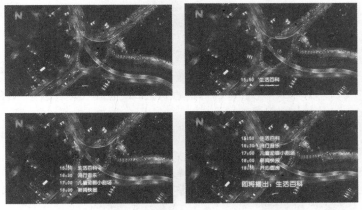

扫码观看
微课：节目
预告片

图 9-169

第 10 章
制作电子相册

电子相册用于描述美丽的风景、展现亲密的友情和记录精彩的瞬间，它具有可随意修改、快速检索、恒久保存及快速分发等传统相册无法比拟的优越性。本章以多类主题的电子相册为例，讲解电子相册的构思方法和制作技巧，读者学习本章后可以掌握电子相册的制作要点，从而设计制作出精美的电子相册。

课堂学习目标

- ✔ 了解电子相册的构成元素。
- ✔ 掌握电子相册的设计思路。
- ✔ 掌握电子相册的制作方法。

10.1　时尚女孩电子相册

10.1.1　案例分析

使用"导入"命令导入素材文件，使用"立方体旋转"效果、"圆划像"效果、"楔形擦除"效果、"百叶窗"效果、"风车"效果和"插入"效果制作图片之间的过渡效果，使用"效果控件"面板调整视频的大小。

10.1.2　案例设计

本案例设计的效果如图 10-1 所示。

图 10-1

图 10-1（续）

10.1.3　案例制作

（1）启动 Premiere Pro CC 2019，选择"文件>新建>项目"命令，弹出"新建项目"对话框，如图 10-2 所示，单击"确定"按钮，新建项目。选择"文件>新建>序列"命令，弹出"新建序列"对话框，单击"设置"选项卡，设置如图 10-3 所示，单击"确定"按钮，新建序列。

图 10-2　　　　　　　　　　　　　　　　图 10-3

（2）选择"文件>导入"命令，弹出"导入"对话框，选择本书云盘中的"Ch10\时尚女孩电子相册\素材\01~05"文件，如图 10-4 所示。单击"打开"按钮，将素材文件导入"项目"面板中，如图 10-5 所示。

图 10-4　　　　　　　　　　　　　　　　图 10-5

（3）在"项目"面板中选择"01"～"04"文件并将其拖曳到"时间轴"面板中的"视频 1（V1）"

轨道中，弹出"剪辑不匹配警告"对话框，单击"保持现有设置"按钮，在保持现有序列设置的情况下将文件放置在"视频1（V1）"轨道中，如图 10-6 所示。选择"时间轴"面板中的"01"文件。选择"效果控件"面板，展开"运动"选项，将"缩放"选项设置为 67.0，如图 10-7 所示。用相同的方法调整其他素材文件的缩放效果。

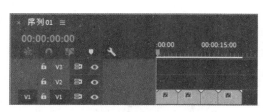

图 10-6   图 10-7

（4）在"项目"面板中选择"05"文件并将其拖曳到"时间轴"面板中的"视频2（V2）"轨道中，如图 10-8 所示。选择"时间轴"面板中的"05"文件。选择"效果控件"面板，展开"运动"选项，将"缩放"选项设置为 130.0，如图 10-9 所示。

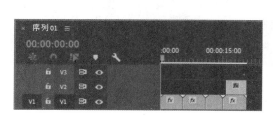

图 10-8   图 10-9

（5）选择"效果"面板，展开"视频过渡"分类选项，单击"3D 运动"文件夹左侧的三角形按钮▶将其展开，选择"立方体旋转"效果，如图 10-10 所示。将"立方体旋转"效果拖曳到"时间轴"面板"视频1（V1）"轨道中的"01"文件的开始位置，如图 10-11 所示。

图 10-10   图 10-11

（6）选择"效果"面板，展开"视频过渡"分类选项，单击"划像"文件夹左侧的三角形按钮▶将其展开，选择"圆划像"效果，如图 10-12 所示。将"圆划像"效果拖曳到"时间轴"面板"视频 1（V1）"轨道中的"01"文件的结束位置与"02"文件的开始位置，如图 10-13 所示。

图 10-12　　　　　　　　　　　　图 10-13

（7）选择"效果"面板，展开"视频过渡"分类选项，单击"擦除"文件夹左侧的三角形按钮 ❯ 将其展开，选择"楔形擦除"效果，如图 10-14 所示。将"楔形擦除"效果拖曳到"时间轴"面板"视频 1（V1）"轨道中的"02"文件的结束位置与"03"文件的开始位置，如图 10-15 所示。

图 10-14　　　　　　　　　　　　图 10-15

（8）选择"效果"面板，展开"视频过渡"分类选项，单击"擦除"文件夹左侧的三角形按钮 ❯ 将其展开，选择"百叶窗"效果，如图 10-16 所示。将"百叶窗"效果拖曳到"时间轴"面板"视频 1（V1）"轨道中的"03"文件的结束位置与"04"文件的开始位置，如图 10-17 所示。

图 10-16　　　　　　　　　　　　图 10-17

（9）选择"效果"面板，展开"视频过渡"分类选项，单击"擦除"文件夹左侧的三角形按钮 ❯ 将其展开，选择"风车"效果，如图 10-18 所示。将"风车"效果拖曳到"时间轴"面板"视频 1（V1）"轨道中的"04"文件的结束位置，如图 10-19 所示。

（10）选择"效果"面板，展开"视频过渡"分类选项，单击"擦除"文件夹左侧的三角形按钮 ❯ 将其展开，选择"插入"效果，如图 10-20 所示。将"插入"效果拖曳到"时间轴"面板"视频 2（V2）"轨道中的"05"文件的开始位置，如图 10-21 所示。时尚女孩电子相册制作完成。

图 10-18　　　　　　　　　　　　　　　图 10-19

图 10-20　　　　　　　　　　　　　　　图 10-21

10.2　婚礼电子相册

10.2.1　案例分析

使用"导入"命令导入素材文件，使用不同的过渡效果制作视频之间的过渡效果，使用"旧版标题属性"面板设置文本的属性，使用"位置"选项、"缩放"选项和"旋转"选项制作图像动画。

10.2.2　案例设计

本案例设计的效果如图 10-22 所示。

扫 码 观 看
微课：婚礼电子
相册

图 10-22

10.2.3 案例制作

（1）启动 Premiere Pro CC 2019，选择"文件>新建>项目"命令，弹出"新建项目"对话框，如图 10-23 所示，单击"确定"按钮，新建项目。选择"文件>新建>序列"命令，弹出"新建序列"对话框，单击"设置"选项卡，设置如图 10-24 所示，单击"确定"按钮，新建序列。

图 10-23   图 10-24

（2）选择"文件>导入"命令，弹出"导入"对话框，选择本书云盘中的"Ch10\婚礼电子相册\素材\01～06"文件，如图 10-25 所示。单击"打开"按钮，将素材文件导入"项目"面板中，如图 10-26 所示。

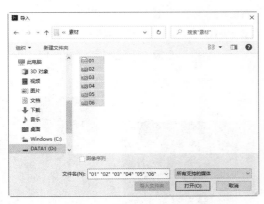 

图 10-25   图 10-26

（3）在"项目"面板中选择"01"文件并将其拖曳到"时间轴"面板中的"视频 1（V1）"轨道中，弹出"剪辑不匹配警告"对话框，单击"保持现有设置"按钮，在保持现有序列设置的情况下将"01"文件放置在"视频 1（V1）"轨道中，如图 10-27 所示。将时间标签放置在 05:00s 的位置。将鼠标指针放在"01"文件的结束位置，当鼠标指针呈 状时，向左拖曳鼠标指针到 05:00s 的位置，如图 10-28 所示。

（4）选择"视频 1（V1）"轨道中的"01"文件，如图 10-29 所示。将时间标签放置在 0s 的位置。选择"效果控件"面板，展开"运动"选项，将"缩放"选项设置为 163.0，如图 10-30 所示。

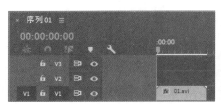
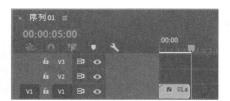

图 10-27　　　　　　　　　　　　　　　图 10-28

图 10-29　　　　　　　　　　　　　　　图 10-30

（5）选择"文件 > 新建 > 旧版标题"命令，弹出"新建字幕"对话框，如图 10-31 所示。单击"确定"按钮，弹出"字幕"面板。选择"旧版标题工具"面板中的"文字工具" **T** ，在"字幕"面板中单击并输入需要的文字。在"旧版标题属性"面板中展开"属性"栏，其中各选项的设置如图 10-32 所示。展开"填充"栏，将"颜色"选项设置为白色，其他选项的设置如图 10-33 所示。

（6）展开"描边"栏，单击"外描边"右侧的"添加"按钮，添加外描边，将"颜色"选项设置为红色（202，38，70），其他选项的设置如图 10-33 所示，效果如图 10-34 所示。用相同的方法输入下方的文字，效果如图 10-35 所示。关闭"字幕"面板，新建的字幕文件自动保存到"项目"面板中。

图 10-31　　　　　　　　　　图 10-32　　　　　　　　　　图 10-33

（7）将时间标签放置在 01:02s 的位置。在"项目"面板中选择"字幕 01"文件并将其拖曳到"时间轴"面板中的"视频 2（V2）"轨道中，如图 10-36 所示。将鼠标指针放在"字幕 01"文件的结束位置，当鼠标指针呈 ◂| 状时，向左拖曳鼠标指针到"01"文件的结束位置，如图 10-37 所示。

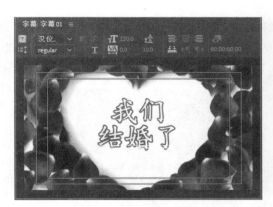

图 10-34　　　　　　　　　　　　　　　　图 10-35

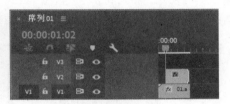

图 10-36　　　　　　　　　　　　　　　　图 10-37

（8）选择"效果"面板，展开"视频过渡"分类选项，单击"溶解"文件夹左侧的三角形按钮▶将其展开，选择"交叉溶解"效果，如图 10-38 所示。将"交叉溶解"效果拖曳到"时间轴"面板"视频 2（V2）"轨道中的"字幕 01"文件的开始位置，如图 10-39 所示。

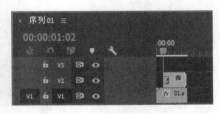

图 10-38　　　　　　　　　　　　　　　　图 10-39

（9）在"项目"面板中选择"02"文件并将其拖曳到"时间轴"面板中的"视频 1（V1）"轨道中，如图 10-40 所示。将时间标签放置在 07:02s 的位置。将鼠标指针放在"02"文件的结束位置，当鼠标指针呈◀状时，向左拖曳鼠标指针到 07:02s 的位置，如图 10-41 所示。

图 10-40　　　　　　　　　　　　　　　　图 10-41

（10）在"项目"面板中选择"03"文件并将其拖曳到"时间轴"面板中的"视频1（V1）"轨道中，如图10-42所示。将时间标签放置在08:23s的位置。将鼠标指针放在"03"文件的结束位置，当鼠标指针呈◄状时，向左拖曳鼠标指针到08:23s的位置，如图10-43所示。

图10-42　　　　　　　　　　　　　　　　图10-43

（11）在"项目"面板中选择"04"文件并将其拖曳到"时间轴"面板中的"视频1（V1）"轨道中，如图10-44所示。将时间标签放置在10:24s的位置。将鼠标指针放在"04"文件的结束位置，当鼠标指针呈◄状时，向左拖曳鼠标指针到10:24s的位置，如图10-45所示。

图10-44　　　　　　　　　　　　　　　　图10-45

（12）选择"效果"面板，展开"视频过渡"分类选项，单击"溶解"文件夹左侧的三角形按钮▶将其展开，选择"交叉溶解"效果，如图10-46所示。将"交叉溶解"效果拖曳到"时间轴"面板"视频1（V1）"轨道中的"02"文件的结束位置与"03"文件的开始位置，如图10-47所示。

图10-46　　　　　　　　　　　　　图10-47

（13）用相同的方法将"交叉溶解"效果拖曳到"时间轴"面板"视频1（V1）"轨道中的"03"文件的结束位置与"04"文件的开始位置，如图10-48所示。在"项目"面板中选择"05"文件并将其拖曳到"时间轴"面板中的"视频2（V2）"轨道中，如图10-49所示。

图10-48　　　　　　　　　　　　　　　　图10-49

（14）将鼠标指针放在"05"文件的结束位置，当鼠标指针呈 ◀▶ 状时，向右拖曳鼠标指针到"04"文件的结束位置，如图 10-50 所示。将时间标签放置在 05:00s 的位置，如图 10-51 所示。

图 10-50

图 10-51

（15）选择"时间轴"面板中的"05"文件。选择"效果控件"面板，展开"运动"选项，将"位置"选项设置为 638.2 和 521.4，"缩放"选项设置为 110.0，展开"不透明度"选项，将"不透明度"选项设置为 0.0%，如图 10-52 所示，记录第 1 个动画关键帧。将时间标签放置在 05:05s 的位置。将"不透明度"选项设置为 100.0%，如图 10-53 所示，记录第 2 个动画关键帧。将时间标签放置在 05:10s 的位置。将"不透明度"选项设置为 0.0%，如图 10-54 所示，记录第 3 个动画关键帧。

图 10-52

图 10-53

图 10-54

（16）将时间标签放置在 05:15s 的位置。将"不透明度"选项设置为 100.0%，如图 10-55 所示，记录第 4 个动画关键帧。用相同的方法制作其他动画关键帧，如图 10-56 所示。

图 10-55

图 10-56

（17）选择"文件>新建>旧版标题"命令，弹出"新建字幕"对话框，如图 10-57 所示。单击"确定"按钮，弹出"字幕"面板。选择"旧版标题工具"面板中的"文字工具" **T**，在"字幕"面板中单击并输入需要的文字。在"旧版标题属性"面板中展开"属性"栏，其中各选项的设置如图 10-58 所示。展开"填充"栏，将"颜色"选项设置为白色，"字幕"面板中的文字如图 10-59 所示。关闭"字幕"面板，新建的字幕文件自动保存到"项目"面板中。

图 10-57　　　　　　　　　　　　　　图 10-58

图 10-59

（18）在"项目"面板中选择"字幕 02"文件并将其拖曳到"时间轴"面板中的"视频 3（V3）"轨道中，如图 10-60 所示。将鼠标指针放在"字幕 02"文件的结束位置，当鼠标指针呈◀状时，向右拖曳鼠标指针到"05"文件的结束位置，如图 10-61 所示。

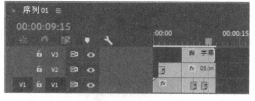

图 10-60　　　　　　　　　　　　　　图 10-61

（19）在"项目"面板中选择"06"文件并将其拖曳到"时间轴"面板上方的空白区域，自动生成"视频 4（V4）"轨道，如图 10-62 所示。将时间标签放置在 07:15s 的位置。将鼠标指针放在"06"文件的结束位置，当鼠标指针呈◀状时，向左拖曳鼠标指针到 07:15s 的位置，如图 10-63 所示。

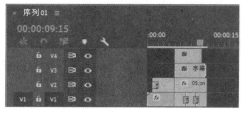

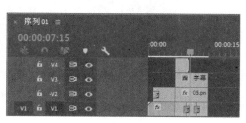

图 10-62　　　　　　　　　　　　　　图 10-63

（20）将时间标签放置在 05：00s 的位置。选择"时间轴"面板中的"06"文件。选择"效果控件"面板，展开"运动"选项，将"位置"选项设置为 345.5 和 669.3，"缩放"选项设置为 20.0，"旋转"选项设置为 30.0°，并单击"位置""缩放""旋转"选项左侧的"切换动画"按钮 ⏱，如图 10-64 所示，记录第 1 个动画关键帧。将时间标签放置在 05：11s 的位置。将"位置"选项设置为 427.3 和 529.2，"缩放"选项设置为 35.0，"旋转"选项设置为-13.9°，如图 10-65 所示，记录第 2 个动画关键帧。

图 10-64

图 10-65

（21）将时间标签放置在 05：23s 的位置。将"位置"选项设置为 327.0 和 414.9，"缩放"选项设置为 45.0，"旋转"选项设置为 32.1°，如图 10-66 所示，记录第 3 个动画关键帧。将时间标签放置在 06：09s 的位置。将"位置"选项设置为 425.2 和 293.9，"缩放"选项设置为 55.0，如图 10-67 所示，记录第 4 个动画关键帧。

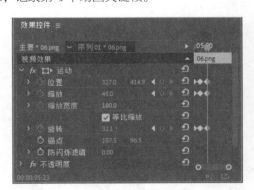
图 10-66

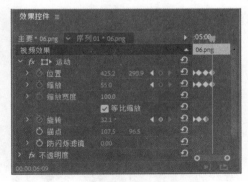
图 10-67

（22）将时间标签放置在 06：20s 的位置。将"位置"选项设置为 1221.0 和 168.4，"缩放"选项设置为 45.0，如图 10-68 所示，记录第 5 个动画关键帧。将时间标签放置在 07：06s 的位置。将"位置"选项设置为 486.6 和 36.1，"缩放"选项设置为 35.0，如图 10-69 所示，记录第 6 个动画关键帧。

（23）在"项目"面板中选择"06"文件并将其拖曳到"时间轴"面板中的"视频 4（V4）"轨道中，如图 10-70 所示。将鼠标指针放在"06"文件的结束位置，当鼠标指针呈 ◀ 状时，向左拖曳鼠标指针到"字幕 02"文件的结束位置，如图 10-71 所示。

图 10-68

图 10-69

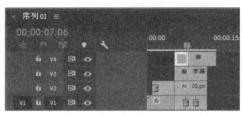

图 10-70

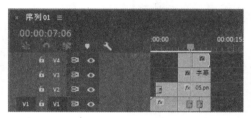

图 10-71

（24）选择"时间轴"面板中的"06"文件。将时间标签放置在 07：15s 的位置。选择"效果控件"面板，展开"运动"选项，将"位置"选项设置为 977.5 和 74.2，"缩放"选项设置为 20.0，"旋转"选项设置为 20.0°，并单击"位置""缩放""旋转"选项左侧的"切换动画"按钮，如图 10-72所示，记录第 1 个动画关键帧。用相同的方法制作其他动画关键帧，如图 10-73 所示。婚礼电子相册制作完成。

图 10-72

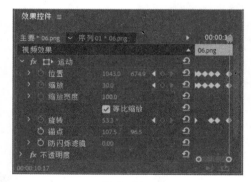

图 10-73

10.3　旅行电子相册

10.3.1　案例分析

使用"旧版标题"命令添加相册文字，使用"镜头光晕"效果制作背景的光照效果，使用"效果控件"面板制作文字的不透明度动画,使用"效果"面板添加图片之间的过渡效果。

10.3.2 案例设计

本案例设计的效果如图 10-74 所示。

图 10-74

10.3.3 案例制作

(1)启动 Premiere Pro CC 2019,选择"文件>新建>项目"命令,弹出"新建项目"对话框,如图 10-75 所示,单击"确定"按钮,新建项目。选择"文件> 新建>序列"命令,弹出"新建序列"对话框,单击"设置"选项卡,设置如图 10-76 所示,单击"确定"按钮,新建序列。

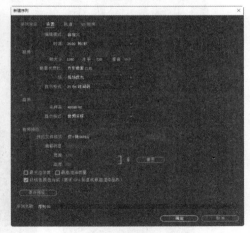

图 10-75   图 10-76

(2)选择"文件 > 导入"命令,弹出"导入"对话框,选择本书云盘中的"Ch10\旅行电子相册\素材\01~10"文件,如图 10-77 所示。单击"打开"按钮,将素材文件导入"项目"面板中,如图 10-78 所示。

(3)选择"文件 > 新建 > 旧版标题"命令,弹出"新建字幕"对话框,如图 10-79 所示。单击"确定"按钮,弹出"字幕"面板。选择"旧版标题工具"面板中的"文字工具" **T**,在"字幕"面板中单击并输入需要的文字。

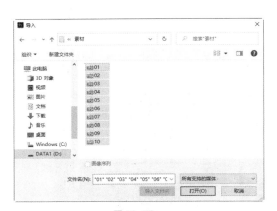

图 10-77 　　　　　　　　　　　　　　　　　　图 10-78

（4）选择"旧版标题属性"面板，展开"属性"栏，其中各选项的设置如图 10-80 所示。展开"填充"栏，将"颜色"选项设置为蓝色（7，84，144）。展开"阴影"栏，将"颜色"选项设置为白色，其他选项的设置如图 10-81 所示。"字幕"面板中的效果如图 10-82 所示。关闭"字幕"面板，新建的字幕文件自动保存到"项目"面板中。

图 10-79 　　　　　　　　　　　　　　　　图 10-80

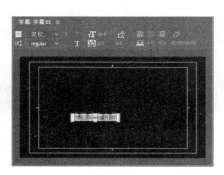

图 10-81 　　　　　　　　　　　　　　图 10-82

（5）在"项目"面板中选择"01"文件并将其拖曳到"时间轴"面板中的"视频 1（V1）"轨道中，如图 10-83 所示。选择"时间轴"面板中的"01"文件。选择"效果控件"面板，展开"运动"选项，将"位置"选项设置为 678.4 和 358.0，如图 10-84 所示。

图 10-83　　　　　　　　　　　图 10-84

（6）选择"效果"面板，展开"视频效果"分类选项，单击"生成"文件夹左侧的三角形按钮▶将其展开，选择"镜头光晕"效果，如图 10-85 所示。将其拖曳到"时间轴"面板"视频 1（V1）"轨道中的"01"文件上。选择"效果控件"面板，展开"镜头光晕"选项并进行参数设置，如图 10-86所示。

（7）将时间标签放置在 02:04s 的位置。选择"视频 1（V1）"轨道中的"01"文件，将鼠标指针放在"01"文件的结束位置，当鼠标指针呈◀状时，向左拖曳鼠标指针到 02:04s 的位置，如图 10-87所示。在"项目"面板中选择"02"文件并将其拖曳到"时间轴"面板中的"视频 2（V2）"轨道中，如图 10-88 所示。

图 10-85　　　　　　　　　　　图 10-86

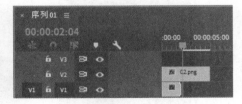

图 10-87　　　　　　　　　　　图 10-88

（8）将时间标签放置在 0s 的位置。在"时间轴"面板中选择"02"文件。选择"效果控件"面板，展开"运动"选项，将"位置"选项设置为 640.0 和 316.0，如图 10-89 所示。选择"视频 2（V2）"轨道中的"02"文件，将鼠标指针放在"02"文件的结束位置，当鼠标指针呈◀状时，向左拖曳鼠标指针到"01"文件的结束位置，如图 10-90 所示。

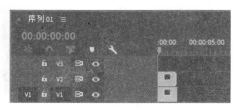

图 10-89　　　　　　　　　　　　图 10-90

（9）选择"效果"面板，展开"视频效果"分类选项，单击"透视"文件夹左侧的三角形按钮▶将其展开，选择"投影"效果，如图 10-91 所示。将其拖曳到"时间轴"面板"视频 2（V2）"轨道中的"02"文件上。选择"效果控件"面板，展开"投影"选项，将"不透明度"选项设置为 70%，"柔和度"选项设置为 17.0，如图 10-92 所示。

图 10-91　　　　　　　　　　　　图 10-92

（10）选择"效果"面板，展开"视频过渡"分类选项，单击"擦除"文件夹左侧的三角形按钮▶将其展开，选择"划出"效果，如图 10-93 所示。将其拖曳到"时间轴"面板"视频 2（V2）"轨道中的"02"文件的开始位置，如图 10-94 所示。

图 10-93　　　　　　　　　　　　图 10-94

（11）在"项目"面板中选择"字幕 01"文件并将其拖曳到"时间轴"面板中的"视频 3（V3）"轨道中，如图 10-95 所示。在"视频 3（V3）"轨道中选择"字幕 01"文件，将鼠标指针放在文件的结束位置，当鼠标指针呈█状时，向左拖曳鼠标指针到"02"文件的结束位置，如图 10-96 所示。

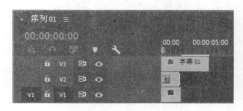
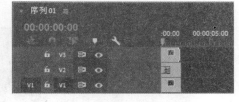

图 10-95   图 10-96

（12）选择"视频 3（V3）"轨道中的"字幕 01"文件。选择"效果控件"面板，展开"不透明度"选项，将"不透明度"选项设置为 0.0%，如图 10-97 所示，记录第 1 个动画关键帧。将时间标签放置在 00:18s 的位置。将"不透明度"选项设置为 100.0%，如图 10-98 所示，记录第 2 个动画关键帧。

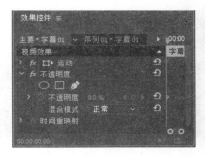

图 10-97   图 10-98

（13）选择"序列>添加轨道"命令，弹出"添加轨道"对话框，设置如图 10-99 所示，单击"确定"按钮，在"时间轴"面板中添加两条视频轨道。将时间标签放置在 02:04s 的位置。在"项目"面板中选择"03"文件并将其拖曳到"时间轴"面板中的"视频 4（V4）"轨道中，如图 10-100 所示。

图 10-99   图 10-100

（14）将时间标签放置在 04:04s 的位置。将鼠标指针放在"03"文件的结束位置，当鼠标指针呈█状时，向左拖曳鼠标指针到 04:04s 的位置，如图 10-101 所示。选择"效果"面板，展开"视频过渡"分类选项，单击"溶解"文件夹左侧的三角形按钮█将其展开，选择"白场过渡"效果，如图 10-102 所示。

图 10-101　　　　　　　　　　　　　　　图 10-102

（15）将时间标签放置在 02:04s 的位置。将"白场过渡"效果拖曳到"时间轴"面板"视频 4（V4）"轨道中的"03"文件的开始位置，如图 10-103 所示。选择"时间轴"面板中的"白场过渡"效果。选择"效果控件"面板，将"持续时间"选项设置为 00:00:00:10，如图 10-104 所示。用相同的方法在"时间轴"面板中添加其他文件和适当的过渡效果，如图 10-105 所示。

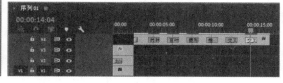

图 10-103　　　　　　　图 10-104　　　　　　　　　　图 10-105

（16）在"项目"面板中选择"10"文件并将其拖曳到"时间轴"面板中的"视频 5（V5）"轨道中，如图 10-106 所示。将鼠标指针放在"10"文件的结束位置，当鼠标指针呈◀状时，向右拖曳鼠标指针到 14:04s 的位置，如图 10-107 所示。旅行电子相册制作完成。

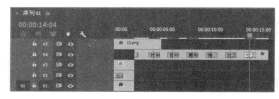
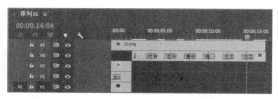

图 10-106　　　　　　　　　　　　　　图 10-107

10.4　课堂练习——儿童成长电子相册

练习知识要点

使用"导入"命令导入素材文件，使用"滑动"效果、"拆分"效果、"翻页"效果和"交叉缩放"效果制作视频之间的过渡效果，使用"效果控件"面板编辑视频的大小。儿童成长电子相册效果如图 10-108 所示。

效果所在位置　云盘\Ch10\儿童成长电子相册\儿童成长电子相册.prproj。

图 10-108

10.5　课后习题——涂鸦女孩电子相册

习题知识要点

使用"导入"命令导入素材文件，使用"效果控件"面板中的"缩放"选项调整视频的大小，使用"高斯模糊"和"方向模糊"效果制作视频的模糊效果，使用"效果控件"面板制作动画。涂鸦女孩电子相册效果如图 10-109 所示。

效果所在位置　云盘\Ch10\涂鸦女孩电子相册\涂鸦女孩电子相册. prproj。

图 10-109

第 11 章
制作纪录片

纪录片是以真实生活为创作素材，以真人真事为表现对象，通过艺术加工，表现出最真实的本质并引发人们思考的艺术形式。使用 Premiere 制作的纪录片形象生动、情节逼真。本章以多类主题的纪录片为例，讲解纪录片的制作方法和技巧。

课堂学习目标

- ✔ 了解纪录片的构成元素。
- ✔ 掌握纪录片的设计思路。
- ✔ 掌握纪录片的制作技巧。

11.1　日出东方纪录片

11.1.1　案例分析

使用"效果控件"面板编辑视频的缩放比例和不透明度制作动画，使用"VR 光线"效果为视频添加过渡效果，使用"旧版标题"命令添加图形和字幕。

11.1.2　案例设计

本案例设计的效果如图 11-1 所示。

图 11-1

11.1.3 案例制作

（1）启动 Premiere Pro CC 2019，选择"文件>新建>项目"命令，弹出"新建项目"对话框，如图 11-2 所示，单击"确定"按钮，新建项目。选择"文件>新建>序列"命令，弹出"新建序列"对话框，单击"设置"选项卡，设置如图 11-3 所示，单击"确定"按钮，新建序列。

 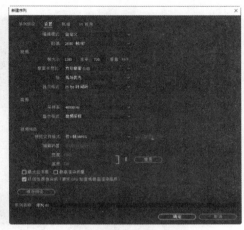

图 11-2 　　　　　　　　　　　　　　　 图 11-3

（2）选择"文件 > 导入"命令，弹出"导入"对话框，选择本书云盘中的"Ch11\日出东方纪录片\素材\01~04"文件，如图 11-4 所示。单击"打开"按钮，将素材文件导入"项目"面板中，如图 11-5 所示。

图 11-4 　　　　　　　　　　　　　 图 11-5

（3）在"项目"面板中选择"01"～"04"文件并将其拖曳到"时间轴"面板中的"视频 1（V1）"轨道中，弹出"剪辑不匹配警告"对话框，单击"保持现有设置"按钮，在保持现有序列设置的情况下将"01"～"04"文件放置在"视频 1（V1）"轨道中，如图 11-6 所示。选择"时间轴"面板中的"01"文件。选择"效果控件"面板，展开"运动"选项，将"缩放"选项设置为 163.0，如图 11-7 所示。用相同的方法调整其他素材文件。

（4）选择"效果"面板，展开"视频过渡"分类选项，单击"沉浸式视频"文件夹左侧的三角形按钮▶将其展开，选择"VR 光线"效果，如图 11-8 所示。将"VR 光线"效果拖曳到"时间轴"面板"视频 1（V1）"轨道中的"01"文件的结束位置和"02"文件的开始位置，如图 11-9 所示。用相同的方法制作其他视频过渡效果，如图 11-10 所示。

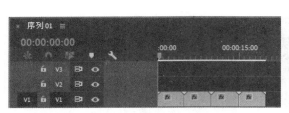

图 11-6　　　　　　　　　　　　　　　　　　　图 11-7

图 11-8　　　　　　　　　　　　图 11-9

图 11-10

（5）选择"文件>新建>旧版标题"命令，弹出"新建字幕"对话框，如图 11-11 所示。单击"确定"按钮，弹出"字幕"面板。选择"旧版标题工具"面板中的"椭圆工具" ，按住 Shift 键的同时，在"字幕"面板中绘制圆形，如图 11-12 所示。

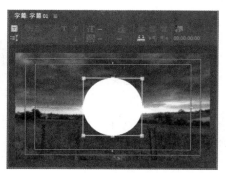

图 11-11　　　　　　　　　　　　图 11-12

（6）在"旧版标题属性"面板中展开"描边"栏，单击"外描边"右侧的"添加"按钮，将"颜色"选项设置为白色，其他选项的设置如图 11-13 所示。"字幕"面板中的效果如图 11-14 所示。

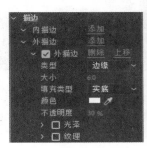

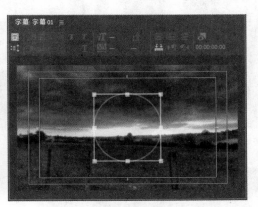

<table>
<tr><td>图 11-13</td><td>图 11-14</td></tr>
</table>

（7）选择"选择工具" ，按 Ctrl+C 组合键，复制圆形。按 Ctrl+V 组合键，粘贴圆形。按住 Alt+Shift 组合键的同时，拖曳圆形的控制点可等比例缩小圆形，如图 11-15 所示。展开"描边"栏，单击"外描边"右侧的"删除"按钮，删除外侧边。展开"填充"栏，将"颜色"选项设置为白色，"不透明度"选项设置为 30%。"字幕"面板中的效果如图 11-16 所示。

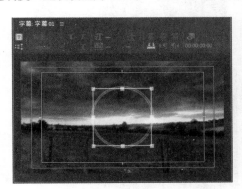
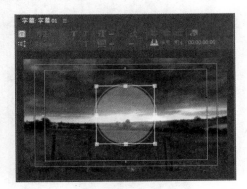

图 11-15   图 11-16

（8）选择"文字工具" T，在"字幕"面板中输入需要的文字。在"旧版标题属性"面板中展开"属性"栏，其中各选项的设置如图 11-17 所示。展开"填充"栏，将"颜色"选项设置为棕红色（113，40，11）；展开"阴影"栏，将"颜色"选项设置为白色，其他选项的设置如图 11-18 所示。"字幕"面板中的效果如图 11-19 所示。

（9）用相同的方法输入中间的文字，效果如图 11-20 所示。关闭"字幕"面板，新建的字幕文件自动保存到"项目"面板中。在"项目"面板中选择"字幕 01"文件并将其拖曳到"时间轴"面板中的"视频 2（V2）"轨道中，如图 11-21 所示。

（10）选择"时间轴"面板中的"字幕 01"文件。在"效果控件"面板中展开"运动"选项，将"缩放"选项设置为 70.0，并单击"缩放"选项左侧的"切换动画"按钮 🕐，如图 11-22 所示，记录第 1 个动画关键帧。将时间标签放置在 04:09s 的位置。将"缩放"选项设置为 100.0，如图 11-23 所示，记录第 2 个动画关键帧。

图 11-17

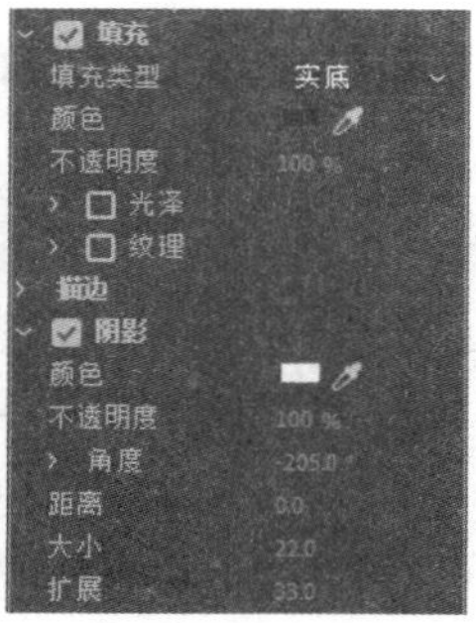

图 11-18

图 11-19

图 11-20

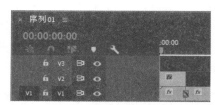

图 11-21

图 11-22

图 11-23

（11）选择"文件>新建>旧版标题"命令，弹出"新建字幕"对话框，如图 11-24 所示。单击"确定"按钮，弹出"字幕"面板。选择"文字工具" ，在"字幕"面板中输入需要的文字。在"旧版标题属性"面板中展开"属性"栏，其中各选项的设置如图 11-25 所示。

（12）展开"填充"栏，将"颜色"选项设置为棕红色（113，40，11）；展开"阴影"栏，将"颜色"选项设置为白色，其他选项的设置如图 11-26 所示。"字幕"面板中的效果如图 11-27 所示。关闭"字幕"面板，新建的字幕文件自动保存到"项目"面板中。

（13）用相同的方法制作其他字幕，如图 11-28 所示。在"项目"面板中选择"字幕 02"文件并将其拖曳到"时间轴"面板中的"视频 2（V2）"轨道中，如图 11-29 所示。

图 11-24　　　　　　　　　　　　　图 11-25

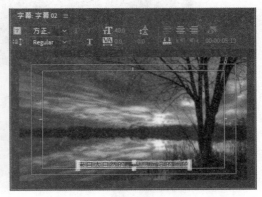

图 11-26　　　　　　　　　　　　　图 11-27

图 11-28　　　　　　　　　　　　　图 11-29

（14）选择"时间轴"面板中的"字幕 02"文件。将时间标签放置在 05:00s 的位置。在"效果控件"面板中展开"不透明度"选项，将"不透明度"选项设置为 0.0%，如图 11-30 所示，记录第 1 个动画关键帧。将时间标签放置在 10:00s 的位置。将"不透明度"选项设置为 100.0%，如图 11-31 所示，记录第 2 个动画关键帧。用相同的方法添加其他字幕并制作动画关键帧，如图 11-32 所示。日出东方纪录片制作完成。

图 11-30

图 11-31

图 11-32

11.2　自行车手纪录片

11.2.1　案例分析

使用"旧版标题"命令添加并编辑字幕，使用"效果控件"面板编辑视频的位置、缩放比例和不透明度制作动画，使用不同的过渡效果制作视频之间的过渡效果，使用"镜头光晕"效果为视频添加镜头光晕效果并制作动画，使用"高斯模糊"效果为字幕添加模糊效果并制作动画。

11.2.2　案例设计

本案例设计的效果如图 11-33 所示。

扫 码 观 看
微课：自行车手
纪录片

图 11-33

11.2.3　案例制作

（1）启动 Premiere Pro CC 2019，选择"文件>新建>项目"命令，弹出"新建项目"对话框，如图 11-34 所示，单击"确定"按钮，新建项目。选择"文件>新建>序列"命令，弹出"新建序列"对话框，单击"设置"选项卡，设置如图 11-35 所示，单击"确定"按钮，新建序列。

图 11-34

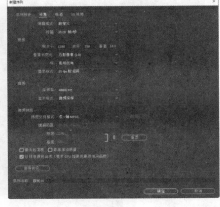
图 11-35

（2）选择"文件 > 导入"命令，弹出"导入"对话框，选择本书云盘中的"Ch11\自行车手纪录片\素材\01~07"文件，如图 11-36 所示。单击"打开"按钮，将素材文件导入"项目"面板中，如图 11-37 所示。

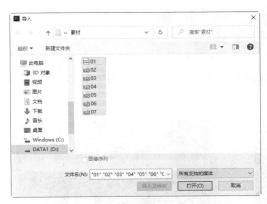
图 11-36

图 11-37

（3）选择"文件 > 新建 > 旧版标题"命令，弹出"新建字幕"对话框，如图 11-38 所示。单击"确定"按钮，弹出"字幕"面板。选择"旧版标题工具"面板中的"文字工具" **T**，在"字幕"面板中单击并输入需要的文字。选择"旧版标题属性"面板，展开"属性"栏，其中各选项的设置如图 11-39 所示。

（4）展开"描边"栏，单击"外描边"右侧的"添加"按钮，添加外描边，将"颜色"选项设置为白色，其他选项的设置如图 11-40 所示。展开"阴影"栏，其中各选项的设置如图 11-41 所示。"字幕"面板中的效果如图 11-42 所示。关闭"字幕"面板，新建的字幕文件自动保存到"项目"面板中。使用相同的方法制作其他字幕文件。

图 11-38

图 11-39

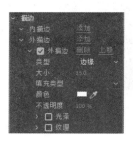

图 11-40

图 11-41

图 11-42

（5）选择"文件 > 新建 > 旧版标题"命令，弹出"新建字幕"对话框，如图 11-43 所示。单击"确定"按钮，弹出"字幕"面板。选择"矩形工具" ■，在"字幕"面板中绘制矩形，如图 11-44 所示。在"旧版标题属性"面板中展开"填充"栏，将"颜色"选项设置为黑色，如图 11-45 所示。选择"选择工具" ▶，按住 Alt+Shift 组合键的同时，在"字幕"面板中垂直向下拖曳矩形到适当的位置，复制矩形，如图 11-46 所示。关闭"字幕"面板，新建的字幕文件自动保存到"项目"面板中。

图 11-43

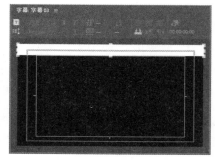

图 11-44

（6）在"项目"面板中选择"01"文件并将其拖曳到"时间轴"面板中的"视频 1（V1）"轨道中，弹出"剪辑不匹配警告"对话框，单击"保持现有设置"按钮，在保持现有序列设置的情况下将"01"文件放置在"视频 1（V1）"轨道中，如图 11-47 所示。在"项目"面板中选择"02"文件并将其拖曳到"时间轴"面板中的"视频 1（V1）"轨道中，如图 11-48 所示。

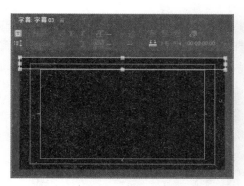

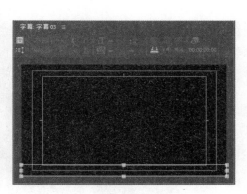

图 11-45 图 11-46

图 11-47 图 11-48

（7）将时间标签放置在 07:20s 的位置。将鼠标指针放在"02"文件的结束位置，当鼠标指针呈
状时，向左拖曳鼠标指针到 07:20s 的位置，如图 11-49 所示。用相同的方法添加其他素材并剪辑，
如图 11-50 所示。

图 11-49 图 11-50

（8）选择"效果"面板，展开"视频效果"分类选项，单击"生成"文件夹左侧的三角形按钮 将
其展开，选择"镜头光晕"效果，如图 11-51 所示。将"镜头光晕"效果拖曳到"时间轴"面板"视
频 1（V1）"轨道中的"01"文件上。选择"效果控件"面板，展开"镜头光晕"选项，将"光晕中
心"选项设置为-23.0 和 264.0，其他选项的设置如图 11-52 所示。

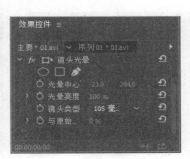

图 11-51 图 11-52

（9）将时间标签放置在 01:24s 的位置。在"效果控件"面板中单击"光晕中心"选项左侧的"切换动画"按钮，如图 11-53 所示，记录第 1 个动画关键帧。将时间标签放置在 04:02s 的位置。将"光晕中心"选项设置为 730.0 和 264.0，其他选项的设置如图 11-54 所示，记录第 2 个动画关键帧。

图 11-53　　　　　　　　　　　　　　图 11-54

（10）将时间标签放置在 05:00s 的位置。选择"时间轴"面板中的"02"文件。选择"效果控件"面板，展开"运动"选项，将"缩放"选项设置为 130.0，并单击"缩放"选项左侧的"切换动画"按钮，如图 11-55 所示，记录第 1 个动画关键帧。将时间标签放置在 07:09s 的位置。将"缩放"选项设置为 100.0，如图 11-56 所示，记录第 2 个动画关键帧。使用相同的方法为其他素材文件设置缩放关键帧。

图 11-55　　　　　　　　　　　　　　图 11-56

（11）将时间标签放置在 16:05s 的位置。选择"时间轴"面板中的"06"文件。选择"效果控件"面板，展开"运动"选项，将"缩放"选项设置为 130.0，单击"位置"和"缩放"选项左侧的"切换动画"按钮，如图 11-57 所示，记录第 1 个动画关键帧。将时间标签放置在 18:10s 的位置。将"位置"选项设置为 640.0 和 417.0，"缩放"选项设置为 100.0，如图 11-58 所示，记录第 2 个动画关键帧。

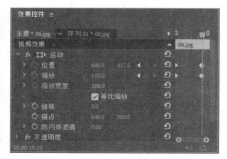

图 11-57　　　　　　　　　　　　　　图 11-58

（12）将时间标签放置在 21:05s 的位置。选择"时间轴"面板中的"07"文件。选择"效果控件"面板，展开"不透明度"选项，单击"不透明度"选项右侧的"添加/移除关键帧"按钮 ◎，如图 11-59 所示，记录第 1 个动画关键帧。将时间标签放置在 21:17s 的位置。将"不透明度"选项设置为 0.0%，如图 11-60 所示，记录第 2 个动画关键帧。

图 11-59　　　　　　　　　　　　图 11-60

（13）将时间标签放置在 04:14s 的位置。选择"效果"面板，展开"视频过渡"分类选项，单击"溶解"文件夹左侧的三角形按钮 ▶ 将其展开，选择"交叉溶解"效果，如图 11-61 所示。将"交叉溶解"效果拖曳到"时间轴"面板"视频 1（V1）"轨道中的"01"文件的结束位置，如图 11-62 所示。

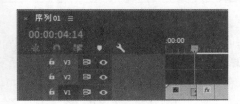

图 11-61　　　　　　　　　　　　图 11-62

（14）使用相同的方法为"视频 1（V1）"轨道中的其他素材添加不同的视频过渡效果，"时间轴"面板如图 11-63 所示。

图 11-63

（15）将时间标签放置在 00:22s 的位置。在"项目"面板中选择"字幕 01"文件并将其拖曳到"时间轴"面板中的"视频 2（V2）"轨道中，如图 11-64 所示。选择"视频 2（V2）"轨道中的"字幕 01"文件。将鼠标指针放在"字幕 01"文件的结束位置，当鼠标指针呈 ◀ 状时，向左拖曳鼠标指针到"01"文件的结束位置，如图 11-65 所示。使用相同的方法为"字幕 01"文件设置缩放和不透明度关键帧。

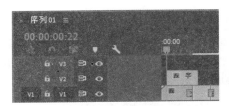

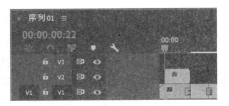

图 11-64　　　　　　　　　　　　　图 11-65

（16）按住 Ctrl 键的同时，在"项目"面板中分别选择"踏上旅途""结伴而行""穿越险地""徒步行走""欣赏美景""只身上路"文件并将其拖曳到"时间轴"面板中的"视频 2（V2）"轨道中，如图 11-66 所示。

（17）选择"效果"面板，展开"视频效果"分类选项，单击"模糊与锐化"文件夹左侧的三角形按钮▶将其展开，选择"高斯模糊"效果，如图 11-67 所示。将"高斯模糊"效果拖曳到"时间轴"面板"视频 2（V2）"轨道中的"踏上旅途"文件上。

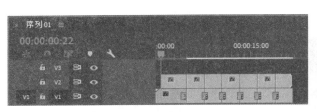

图 11-66　　　　　　　　　　　　　图 11-67

（18）将时间标签放置在 05:00s 的位置。选择"效果控件"面板，展开"高斯模糊"选项，将"模糊度"选项设置为 60.0，其他选项的设置如图 11-68 所示。单击"模糊度"选项左侧的"切换动画"按钮○，记录第 1 个动画关键帧。将时间标签放置在 05:14s 的位置。将"模糊度"选项设置为 0.0，其他选项的设置如图 11-69 所示，记录第 2 个动画关键帧。

图 11-68　　　　　　　　　　　　　图 11-69

（19）将时间标签放置在 07:08s 的位置。选择"效果控件"面板，展开"不透明度"选项，单击"不透明度"选项右侧的"添加/移除关键帧"按钮◎，如图 11-70 所示，记录第 1 个动画关键帧。将时间标签放置在 07:18s 的位置。将"不透明度"选项设置为 0.0%，如图 11-71 所示，记录第 2 个动画关键帧。使用相同的方法为其他素材文件设置高斯模糊和不透明度关键帧。

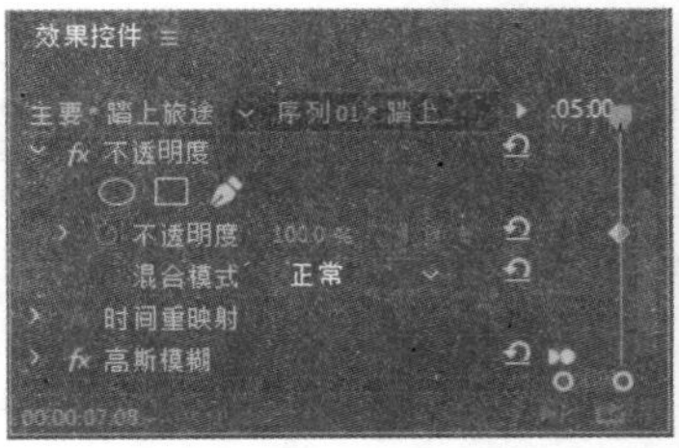

图 11-70

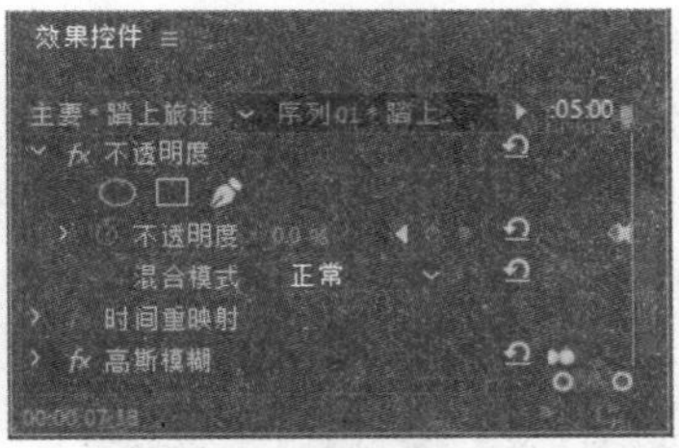

图 11-71

（20）将时间标签放置在 01:15s 的位置。在“项目”面板中选择“字幕 02”文件并将其拖曳到“时间轴”面板中的“视频 3（V3）”轨道中，如图 11-72 所示。将鼠标指针放在“字幕 02”文件的结束位置，当鼠标指针呈状时，向左拖曳鼠标指针到“字幕 01”文件的结束位置，如图 11-73 所示。

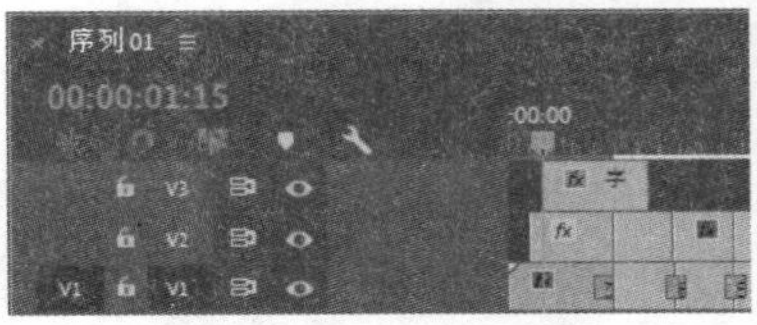

图 11-72

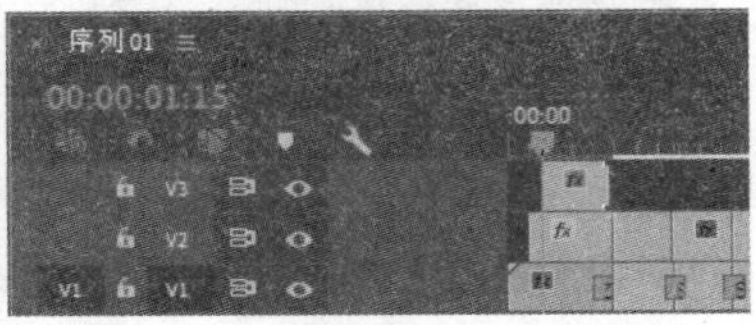

图 11-73

（21）在“时间轴”面板中选择“字幕 02”文件，选择“效果控件”面板，展开“不透明度”选项，将“不透明度”选项设置为 0.0%，如图 11-74 所示，记录第 1 个动画关键帧。将时间标签放置在 02:08s 的位置。将“不透明度”选项设置为 100.0%，如图 11-75 所示，记录第 2 个动画关键帧。

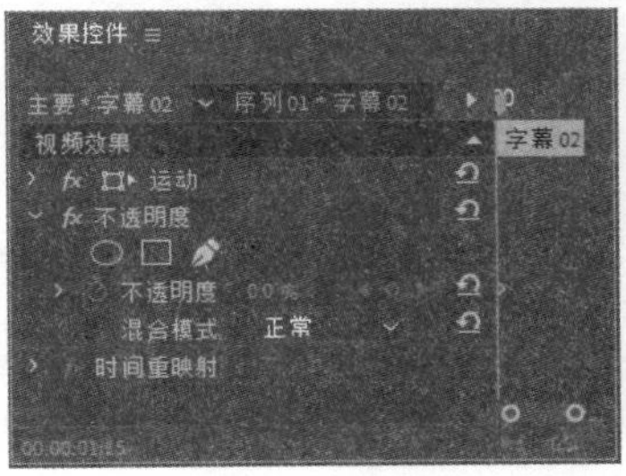

图 11-74

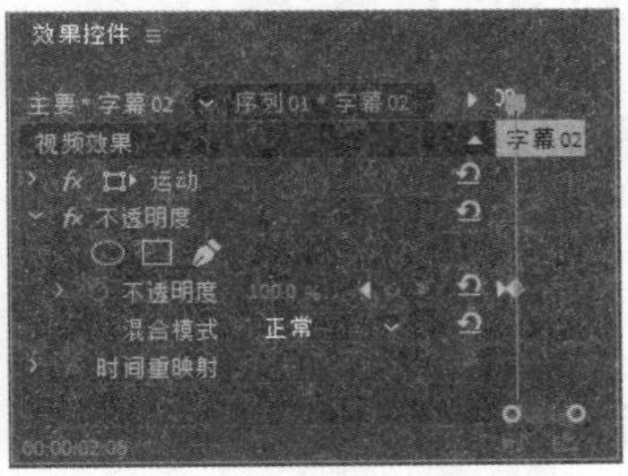

图 11-75

（22）将时间标签放置在 04:05s 的位置。单击“不透明度”选项右侧的“添加/移除关键帧”按钮，如图 11-76 所示，记录第 3 个动画关键帧。将时间标签放置在 05:00s 的位置。将“不透明度”选项设置为 0.0%，如图 11-77 所示，记录第 4 个动画关键帧。

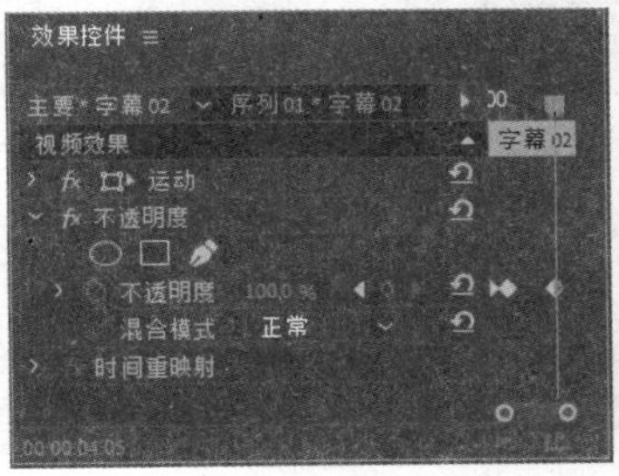

图 11-76

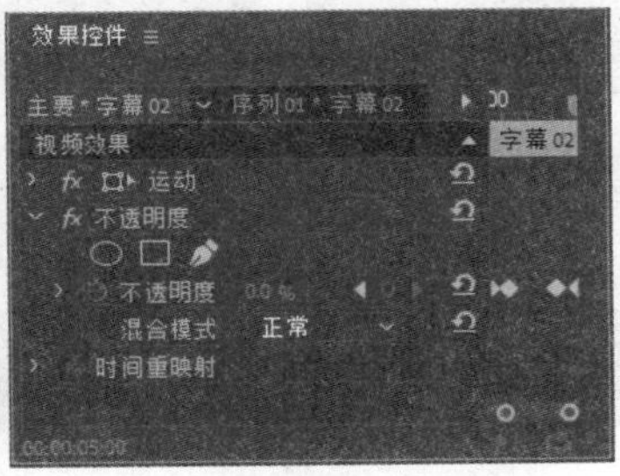

图 11-77

（23）选择"序列 > 添加轨道"命令，弹出"添加轨道"对话框，其中各选项的设置如图 11-78 所示，单击"确定"按钮，在"时间轴"面板中添加一条视频轨道。将时间标签放置在 0s 的位置。在"项目"面板中选择"字幕 03"文件并将其拖曳到"时间轴"面板中的"视频 4（V4）"轨道中，如图 11-79 所示。

图 11-78　　　　　　　　　　　　　图 11-79

（24）选择"视频 4（V4）"轨道中的"字幕 03"文件，将鼠标指针放在"字幕 03"文件的结束位置，当鼠标指针呈◀状时，向右拖曳鼠标指针到"07"文件的结束位置，如图 11-80 所示。自行车手纪录片制作完成。

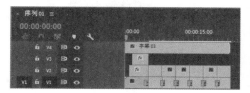

图 11-80

11.3　信息时代纪录片

11.3.1　案例分析

使用"旧版标题"命令添加纪录片主题文字和介绍性文字，使用"效果控件"面板制作文字与图像的位置和缩放动画，使用不同的过渡效果制作视频之间的过渡效果。

11.3.2　案例设计

本案例设计的效果如图 11-81 所示。

图 11-81

11.3.3　案例制作

1. 添加文件并制作字幕

（1）启动 Premiere Pro CC 2019，选择"文件>新建>项目"命令，弹出"新建项目"对话框，如图 11-82 所示，单击"确定"按钮，新建项目。选择"文件>新建>序列"命令，弹出"新建序列"对话框，单击"设置"选项卡，设置如图 11-83 所示，单击"确定"按钮，新建序列。

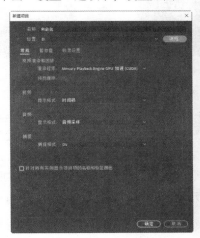
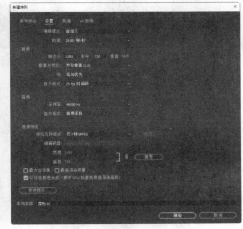

图 11-82　　　　　　　　　　　　　　　　图 11-83

（2）选择"文件 > 导入"命令，弹出"导入"对话框，选择本书云盘中的"Ch11\信息时代纪录片\素材\01~12"文件，如图 11-84 所示。单击"打开"按钮，将素材文件导入"项目"面板中，如图 11-85 所示。

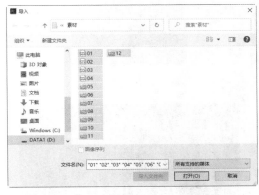

图 11-84　　　　　　　　　　　　　　　　图 11-85

（3）选择"文件 > 新建 > 旧版标题"命令，弹出"新建字幕"对话框，如图 11-86 所示。单击"确定"按钮，弹出"字幕"面板。选择"旧版标题工具"面板中的"文字工具"**T**，在"字幕"面板中单击并输入需要的文字。

（4）选取文字"信息时代"。在"旧版标题属性"面板中展开"属性"栏，其中各选项的设置如图 11-87 所示。选取文字"The Information Age"。在"旧版标题属性"面板中展开"属性"栏，其中各选项的设置如图 11-88 所示。

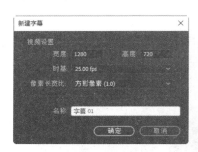

图 11-86　　　　　　　　　　图 11-87　　　　　　　　　　图 11-88

（5）将文字同时选取。在"旧版标题属性"面板中展开"填充"栏，将"填充类型"选项设置为"斜面"，"高光颜色"选项设置为浅蓝色（150，231，255），"阴影颜色"选项设置为蓝色（13，69，117），其他选项的设置如图 11-89 所示。展开"描边"栏，单击"外描边"右侧的"添加"按钮，添加外描边，将"填充类型"选项设置为"线性渐变"，将"颜色"选项的左侧色标设置为浅蓝色（7，176，232），将"颜色"选项的右侧色标设置为蓝色（12，59，146），其他选项的设置如图 11-90 所示。展开"阴影"栏，其中各选项的设置如图 11-91 所示。"字幕"面板中的效果如图 11-92 所示。

图 11-89　　　　　　　　　　　　　图 11-90

图 11-91　　　　　　　　　　　图 11-92

（6）选择"文件 > 新建 > 旧版标题"命令，弹出"新建字幕"对话框，如图 11-93 所示。单击"确定"按钮，弹出"字幕"面板。选择"旧版标题工具"面板中的"文字工具" **T**，在"字幕"

面板中单击并输入需要的文字，在"字幕"面板中的属性栏中进行设置，"字幕"面板中的效果如图 11-94 所示。用相同的方法制作"字幕 03"和"字幕 04"文件。

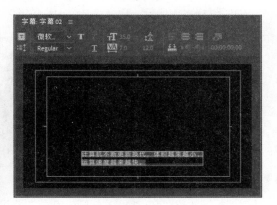

图 11-93　　　　　　　　　　　　　　图 11-94

2. 制作图像动画

（1）在"项目"面板中选择"01"文件并将其拖曳到"时间轴"面板中的"视频 1（V1）"轨道中，弹出"剪辑不匹配警告"对话框，单击"保持现有设置"按钮，在保持现有序列设置的情况下将"01"文件放置在"视频 1（V1）"轨道中，如图 11-95 所示。

（2）将时间标签放置在 03:00s 的位置。将鼠标指针放在"01"文件的结束位置，当鼠标指针呈 ◀◀ 状时，向左拖曳鼠标指针到 03:00s 的位置，如图 11-96 所示。选择"时间轴"面板中的"01"文件。将时间标签放置在 0s 的位置。选择"效果控件"面板，展开"运动"选项，将"缩放"选项设置为 163.0，如图 11-97 所示。

图 11-95　　　　　　　　图 11-96　　　　　　　　图 11-97

（3）在"项目"面板中选择"字幕 01"文件并将其拖曳到"时间轴"面板中的"视频 2（V2）"轨道中，如图 11-98 所示。将鼠标指针放在"字幕 01"文件的结束位置，当鼠标指针呈 ◀◀ 状时，向左拖曳鼠标指针到"01"文件的结束位置，如图 11-99 所示。

图 11-98　　　　　　　　　　　　　　图 11-99

（4）选择"效果控件"面板，展开"不透明度"选项，将"不透明度"选项设置为 0.0%，如图 11-100 所示，记录第 1 个动画关键帧。将时间标签放置在 0：10s 的位置。将"不透明度"选项设置为 100.0%，如图 11-101 所示，记录第 2 个动画关键帧。

图 11-100　　　　　　　　　　　图 11-101

（5）将时间标签放置在 02：14s 的位置。单击"不透明度"选项右侧的"添加/移除关键帧"按钮，如图 11-102 所示，记录第 3 个动画关键帧。将时间标签放置在 02：23s 的位置。将"不透明度"选项设置为 0.0%，如图 11-103 所示，记录第 4 个动画关键帧。

图 11-102　　　　　　　　　　　图 11-103

3. 制作序列 02

（1）选择"文件>新建>序列"命令，弹出"新建序列"对话框，其中各选项的设置如图 11-104 所示，单击"确定"按钮，新建序列 02，"时间轴"面板如图 11-105 所示。

图 11-104　　　　　　　　　　　图 11-105

（2）在"项目"面板中选择"02"文件并将其拖曳到"时间轴"面板中的"视频 1（V1）"轨道中，如图 11-106 所示。将时间标签放置在 07:19s 的位置。将鼠标指针放在"02"文件的结束位置，当鼠标指针呈◀状时，向左拖曳鼠标指针到 07:19s 的位置，如图 11-107 所示。选择"时间轴"面板中的"02"文件。在"效果控件"面板中展开"运动"选项，将"缩放"选项设置为 163.0，如图 11-108 所示。

图 11-106

图 11-107

图 11-108

（3）将时间标签放置在 01:09s 的位置。在"项目"面板中选择"06"文件并将其拖曳到"时间轴"面板中的"视频 2（V2）"轨道中，如图 11-109 所示。将鼠标指针放在"06"文件的结束位置，当鼠标指针呈◀状时，向右拖曳鼠标指针到"02"文件的结束位置，如图 11-110 所示。选择"时间轴"面板中的"06"文件。在"效果控件"面板中展开"运动"选项，将"位置"选项设置为 238.0 和 312.0，如图 11-111 所示。

图 11-109

图 11-110

图 11-111

（4）将时间标签放置在 02:19s 的位置。在"项目"面板中选择"07"文件并将其拖曳到"时间轴"面板中的"视频 3（V3）"轨道中，如图 11-112 所示。选择"时间轴"面板中的"07"文件。在"效果控件"面板中展开"运动"选项，将"位置"选项设置为 508.0 和 312.0，如图 11-113 所示。

图 11-112

图 11-113

（5）选择"序列 > 添加轨道"命令，弹出"添加轨道"对话框，其中各选项的设置如图 11-114 所示，单击"确定"按钮，在"时间轴"面板中添加 3 条视频轨道。用相同的方法在"视频 4（V4）"和"视频 5（V5）"轨道中分别添加并调整"08"和"09"文件，如图 11-115 所示。

图 11-114　　　　　　　　图 11-115

（6）将时间标签放置在 01:04s 的位置。在"项目"面板中选择"字幕 02"文件并将其拖曳到"时间轴"面板中的"视频 6（V6）"轨道中，如图 11-116 所示。将鼠标指针放在"字幕 02"文件的结束位置，当鼠标指针呈 █ 状时，向右拖曳鼠标指针到"09"文件的结束位置，如图 11-117 所示。

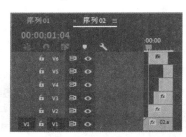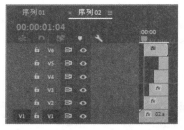

图 11-116　　　　　　　　图 11-117

4. 制作序列 03

（1）选择"文件>新建>序列"命令，弹出"新建序列"对话框，其中各选项的设置如图 11-118 所示，单击"确定"按钮，新建序列 03，"时间轴"面板如图 11-119 所示。

图 11-118　　　　　　　　图 11-119

（2）在"项目"面板中选择"03"文件并将其拖曳到"时间轴"面板中的"视频 1（V1）"轨道中，如图 11-120 所示。将时间标签放置在 05：16s 的位置。将鼠标指针放在"03"文件的结束位置，当鼠标指针呈◄状时，向左拖曳鼠标指针到 05：16s 的位置，如图 11-121 所示。选择"时间轴"面板中的"03"文件。在"效果控件"面板中展开"运动"选项，将"缩放"选项设置为 163.0，如图 11-122 所示。

图 11-120　　　　　　　　　　　图 11-121　　　　　　　　　　图 11-122

（3）将时间标签放置在 00：05s 的位置。在"项目"面板中选择"10"文件并将其拖曳到"时间轴"面板中的"视频 2（V2）"轨道中，如图 11-123 所示。选择"时间轴"面板中的"10"文件。在"效果控件"面板中展开"运动"选项，将"位置"选项设置为 424.2 和 312.0，如图 11-124 所示。将鼠标指针放在"10"文件的结束位置，当鼠标指针呈◄状时，向右拖曳鼠标指针到"03"文件的结束位置，如图 11-125 所示。

图 11-123　　　　　　　　　　　图 11-124　　　　　　　　　　图 11-125

（4）将时间标签放置在 01：00s 的位置。在"项目"面板中选择"11"文件并将其拖曳到"时间轴"面板中的"视频 3（V3）"轨道中，如图 11-126 所示。选择"时间轴"面板中的"11"文件。在"效果控件"面板中展开"运动"选项，将"位置"选项设置为 644.9 和 312.0，如图 11-127 所示。将鼠标指针放在"11"文件的结束位置，当鼠标指针呈◄状时，向左拖曳鼠标指针到"10"文件的结束位置，如图 11-128 所示。

（5）选择"序列 > 添加轨道"命令，弹出"添加轨道"对话框，选项的设置如图 11-129 所示，单击"确定"按钮，在"时间轴"面板中添加两条视频轨道。用上述方法分别添加并调整"12"和"字幕 02"文件，如图 11-130 所示。

图 11-126　　　　　　　　　　　　图 11-127　　　　　　　　　　　　图 11-128

图 11-129　　　　　　　　　　　　图 11-130

5. 制作序列 04

（1）选择"文件 > 新建 > 序列"命令，弹出"新建序列"对话框，其中各选项的设置如图 11-131 所示，单击"确定"按钮，新建序列 04。在"项目"面板中选择"04"文件并将其拖曳到"时间轴"面板中的"视频 1（V1）"轨道中，如图 11-132 所示。

（2）将时间标签放置在 03:00s 的位置。将鼠标指针放在"04"文件的结束位置，当鼠标指针呈 ◄┤状时，向左拖曳鼠标指针到 03:00s 的位置，如图 11-133 所示。将时间标签放置在 0s 的位置。选择"时间轴"面板中的"04"文件。在"效果控件"面板中展开"运动"选项，将"缩放"选项设置为 163.0，如图 11-134 所示。

图 11-131　　　　　　　　　　　　　　图 11-132

图 11-133

图 11-134

（3）在"项目"面板中选择"字幕 04"文件并将其拖曳到"时间轴"面板中的"视频 2（V2）"轨道中，如图 11-135 所示。将鼠标指针放在"字幕 04"文件的结束位置，当鼠标指针呈◀状时，向左拖曳鼠标指针到"04"文件的结束位置，如图 11-136 所示。

图 11-135

图 11-136

（4）在"时间轴"面板中选择"字幕 04"文件。在"效果控件"面板中展开"运动"选项，将"缩放"选项设置为 0.0，单击"缩放"选项左侧的"切换动画"按钮 ，如图 11-137 所示，记录第 1 个动画关键帧。将时间标签放置在 01:24s 的位置，将"缩放"选项设置为 120.0，如图 11-138 所示，记录第 2 个动画关键帧。

图 11-137

图 11-138

6. 制作最终序列 01

（1）选择"时间轴"面板中的"序列 01"文件。在"项目"面板中选择"序列 02"文件并将其拖曳到"时间轴"面板中的"视频 1（V1）"轨道中，如图 11-139 所示。将时间标签放置在 09:00s 的位置。将鼠标指针放在"序列 02"文件的结束位置，当鼠标指针呈◀状时，向左拖曳鼠标指针到 09:00s 的位置，如图 11-140 所示。

（2）在"项目"面板中选择"序列 03"和"序列 04"文件并将其拖曳到"时间轴"面板中的"视频 1（V1）"轨道中，如图 11-141 所示。在"效果"面板中展开"视频过渡"分类选项，单击"溶解"文件夹左侧的三角形按钮 ▶ 将其展开，选择"交叉溶解"效果，如图 11-142 所示。

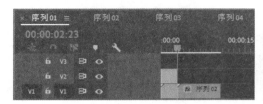

图 11-139

图 11-140

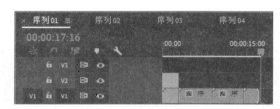

图 11-141

图 11-142

（3）将其拖曳到"时间轴"面板"视频 1（V1）"轨道中的"01"文件的结束位置与"序列 02"文件的开始位置，如图 11-143 所示。选择"时间轴"面板中的"交叉溶解"效果。选择"效果控件"面板，将"持续时间"选项设置为 00:00:02:00，如图 11-144 所示。"时间轴"面板如图 11-145 所示。用相同的方法在"时间轴"面板中添加适当的过渡效果，如图 11-146 所示。

图 11-143

图 11-144

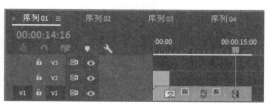

图 11-145   图 11-146

（4）在"项目"面板中选择"05"文件并将其拖曳到"时间轴"面板中的"视频 3（V3）"轨道中，如图 11-147 所示。将鼠标指针放在"05"文件的结束位置，当鼠标指针呈 ◀ 状时，向右拖曳鼠标指针到"序列 04"文件的结束位置，如图 11-148 所示。

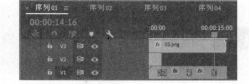

图 11-147　　　　　　　　　　　　　图 11-148

（5）将时间标签放置在 0s 的位置。选择"时间轴"面板中的"05"文件。在"效果控件"面板中展开"运动"选项，将"缩放"选项设置为 163.0，如图 11-149 所示。在"效果"面板中展开"视频过渡"分类选项，单击"页面剥落"文件夹左侧的三角形按钮▶将其展开，选择"翻页"效果，如图 11-150 所示。将其拖曳到"时间轴"面板"视频 3（V3）"轨道中的"05"文件的开始位置，如图 11-151 所示。信息时代纪录片制作完成。

图 11-149　　　　　　　　　图 11-150　　　　　　　　　图 11-151

11.4　课堂练习——玩具城纪录片

练习知识要点

使用"效果控件"面板编辑视频并制作动画，使用"速度/持续时间"命令调整视频的持续时间，使用不同的过渡效果制作视频之间的过渡效果，使用"颜色键"效果抠出魔方。玩具城纪录片效果如图 11-152 所示。

效果所在位置　云盘\Ch11\玩具城纪录片\玩具城纪录片. prproj。

扫 码 观 看
微课：玩具城
纪录片

图 11-152

11.5 课后习题——鸟世界纪录片

习题知识要点

使用"插入"命令将图像导入"时间轴"面板中，使用"旧版标题"命令添加并编辑文字，使用"效果控件"面板编辑视频的缩放比例并制作动画，使用不同的过渡效果制作视频之间的过渡效果，使用"裁剪"效果剪裁"02"文件并制作动画，使用"羽化边缘"效果羽化图像的边缘，使用"高斯模糊"效果为文字添加模糊效果并制作动画。鸟世界纪录片效果如图 11-153 所示。

效果所在位置 云盘\Ch11\鸟世界纪录片\鸟世界纪录片.prproj。

图 11-153

第 12 章
制作产品广告

　　产品广告是一种通过电视或网络进行传播的广告，通常用来宣传商品、服务、组织、概念等。它具有覆盖面大、普及率高、综合表现能力强等特点。本章以多类主题的产品广告为例，讲解产品广告的构思方法和制作技巧，读者学习本章后可以掌握产品广告的制作要点，从而设计制作出形象生动、冲击力强的产品广告。

课堂学习目标

✔ 了解产品广告的组成要素。

✔ 掌握产品广告的制作思路。

✔ 掌握产品广告的制作技巧。

12.1　牛奶宣传广告

12.1.1　案例分析

　　使用"效果控件"面板中的"位置"和"缩放"选项调整图像的位置和大小，使用"不透明度"选项编辑图片的不透明度并制作动画，使用"添加轨道"命令添加视频轨道。

12.1.2　案例设计

本案例设计的效果如图 12-1 所示。

图 12-1

图 12-1（续）

12.1.3　案例制作

（1）启动 Premiere Pro CC 2019，选择"文件>新建>项目"命令，弹出"新建项目"对话框，如图 12-2 所示，单击"确定"按钮，新建项目。选择"文件>新建>序列"命令，弹出"新建序列"对话框，单击"设置"选项卡，设置如图 12-3 所示，单击"确定"按钮，新建序列。

　　　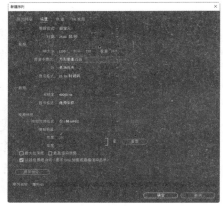

　　　图 12-2　　　　　　　　　　　　　　　　图 12-3

（2）选择"文件>导入"命令，弹出"导入"对话框，选择本书云盘中的"Ch12\牛奶宣传广告\素材\01～07"文件，如图 12-4 所示。单击"打开"按钮，将素材文件导入"项目"面板中，如图 12-5 所示。

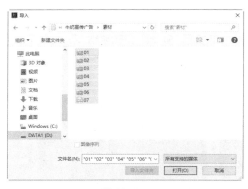　　　

　　　图 12-4　　　　　　　　　　　　　　　图 12-5

（3）在"项目"面板中选择"07"文件并将其拖曳到"时间轴"面板中的"视频 1（V1）"轨道中，弹出"剪辑不匹配警告"对话框，单击"保持现有设置"按钮，在保持现有序列设置的情况下将

"07"文件放置在"视频1（V1）"轨道中，如图 12-6 所示。选择"时间轴"面板中的"07"文件，单击鼠标右键，在弹出的快捷菜单中选择"取消链接"命令，取消文件链接。选择下方的音频文件，如图 12-7 所示。

图 12-6   图 12-7

（4）按 Delete 键，删除音频文件，如图 12-8 所示。选择"效果"面板，展开"视频效果"分类选项，单击"调整"文件夹左侧的三角形按钮❯将其展开，选择"色阶"效果，如图 12-9 所示。将"色阶"效果拖曳到"时间轴"面板"视频1（V1）"轨道中的"07"文件上。在"效果控件"面板中展开"色阶"选项，将"(RGB)输入黑色阶"选项设置为 55，如图 12-10 所示。

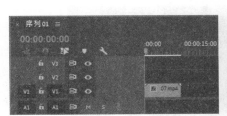

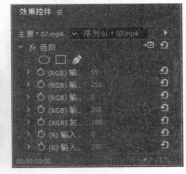

图 12-8   图 12-9   图 12-10

（5）将时间标签放置在 03:03s 的位置。在"项目"面板中选择"01"文件并将其拖曳到"时间轴"面板中的"视频2（V2）"轨道中，如图 12-11 所示。选择"时间轴"面板中的"01"文件。在"效果控件"面板中展开"运动"选项，将"位置"选项设置为 640.0 和 751.0，"缩放"选项设置为 170.0，单击"位置"选项左侧的"切换动画"按钮⭕，如图 12-12 所示，记录第 1 个动画关键帧。

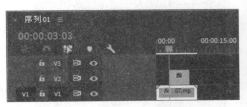

图 12-11   图 12-12

（6）将时间标签放置在 03:11s 的位置。将"位置"选项设置为 640.0 和 555.0，如图 12-13 所示，记录第 2 个动画关键帧。将鼠标指针放在"01"文件的结束位置，当鼠标指针呈 ◄ 状时，向右拖曳鼠标指针到"07"文件的结束位置，如图 12-14 所示。

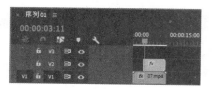

图 12-13

图 12-14

（7）选择"序列>添加轨道"命令，在弹出的对话框中进行设置，如图 12-15 所示，单击"确定"按钮，添加 4 条视频轨道，如图 12-16 所示。

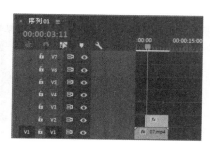

图 12-15

图 12-16

（8）将时间标签放置在 03:22s 的位置。在"项目"面板中选择"02"文件并将其拖曳到"时间轴"面板中的"视频 7（V7）"轨道中，如图 12-17 所示。选择"时间轴"面板中的"02"文件。在"效果控件"面板中展开"运动"选项，将"位置"选项设置为 1358.0 和 350.0，"缩放"选项设置为 50.0，单击"位置"和"缩放"选项左侧的"切换动画"按钮 ◉，如图 12-18 所示，记录第 1 个动画关键帧。

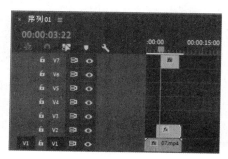

图 12-17

图 12-18

（9）将时间标签放置在 04:11s 的位置。将"位置"选项设置为 1018.0 和 343.0，"缩放"选项设置为 155.0，如图 12-19 所示，记录第 2 个动画关键帧。将鼠标指针放在"02"文件的结束位置，当鼠标指针呈➕状时，向右拖曳鼠标指针到"01"文件的结束位置，如图 12-20 所示。

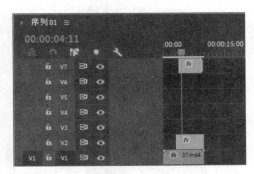

图 12-19　　　　　　　　　　　图 12-20

（10）将时间标签放置在 04:24s 的位置。在"项目"面板中选择"03"文件并将其拖曳到"时间轴"面板中的"视频 5（V5）"轨道中，如图 12-21 所示。选择"时间轴"面板中的"03"文件。在"效果控件"面板中展开"运动"选项，将"位置"选项设置为 430.5 和 262.8，"缩放"选项设置为 10.0，单击"缩放"选项左侧的"切换动画"按钮⏱，如图 12-22 所示，记录第 1 个动画关键帧。将时间标签放置在 05:13s 的位置。将"缩放"选项设置为 160.0，如图 12-23 所示，记录第 2 个动画关键帧。

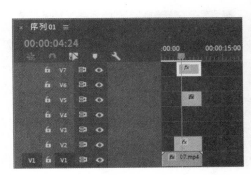

图 12-21　　　　　　　　　　　图 12-22

图 12-23

（11）将时间标签放置在 05:21s 的位置。在"项目"面板中选择"04"文件并将其拖曳到"时间轴"面板中的"视频6（V6）"轨道中，如图 12-24 所示。选择"时间轴"面板中的"04"文件。在"效果控件"面板中展开"运动"选项，将"位置"选项设置为 649.9 和 430.8，"缩放"选项设置为 160.0。展开"不透明度"选项，单击"不透明度"选项右侧的"添加/移除关键帧"按钮，如图 12-25 所示，记录第 1 个动画关键帧。

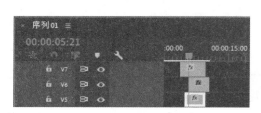

图 12-24

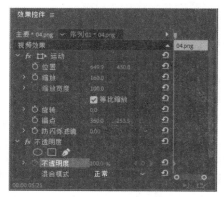

图 12-25

（12）将时间标签放置在 05:23s 的位置。将"不透明度"选项设置为 50.0%，如图 12-26 所示，记录第 2 个动画关键帧。将时间标签放置在 06:00s 的位置。将"不透明度"选项设置为 100.0%，如图 12-27 所示，记录第 3 个动画关键帧。

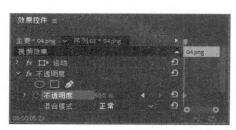

图 12-26

图 12-27

（13）将时间标签放置在 06:02s 的位置。将"不透明度"选项设置为 50.0%，如图 12-28 所示，记录第 4 个动画关键帧。将时间标签放置在 06:04s 的位置。将"不透明度"选项设置为 100.0%，如图 12-29 所示，记录第 5 个动画关键帧。

图 12-28

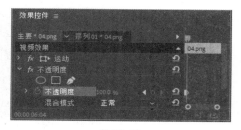

图 12-29

（14）将鼠标指针放在"04"文件的结束位置，当鼠标指针呈状时，向左拖曳鼠标指针到"03"

文件的结束位置，如图 12-30 所示。将时间标签放置在 06：19s 的位置。在"项目"面板中选择"05"文件并将其拖曳到"时间轴"面板中的"视频 3（V3）"轨道中，如图 12-31 所示。

图 12-30

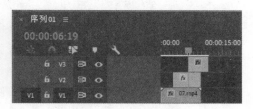
图 12-31

（15）选择"时间轴"面板中的"05"文件。在"效果控件"面板中展开"运动"选项，将"位置"选项设置为 -61.1 和 604.0，"缩放"选项设置为 138.0，"旋转"选项设置为 -1.0°，单击"位置"选项左侧的"切换动画"按钮 ，如图 12-32 所示，记录第 1 个动画关键帧。将时间标签放置在 07：00s 的位置。将"位置"选项设置为 348.3 和 604.0，如图 12-33 所示，记录第 2 个动画关键帧。

图 12-32

图 12-33

（16）将鼠标指针放在"05"文件的结束位置，当鼠标指针呈 状时，向左拖曳鼠标指针到"01"文件的结束位置，如图 12-34 所示。将时间标签放置在 07：12s 的位置。在"项目"面板中选择"06"文件并将其拖曳到"时间轴"面板中的"视频 4（V4）"轨道中，如图 12-35 所示。

图 12-34

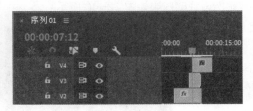
图 12-35

（17）选择"时间轴"面板中的"06"文件。在"效果控件"面板中展开"运动"选项，将"位置"选项设置为 1037.9 和 559.4，"缩放"选项设置为 150.0，单击"位置"选项左侧的"切换动画"按钮 ，如图 12-36 所示，记录第 1 个动画关键帧。将时间标签放置在 08：01s 的位置。将"位置"选项设置为 623.9 和 559.4，如图 12-37 所示，记录第 2 个动画关键帧。

（18）将鼠标指针放在"06"文件的结束位置，当鼠标指针呈 状时，向左拖曳鼠标指针到"05"文件的结束位置，如图 12-38 所示。牛奶宣传广告制作完成，如图 12-39 所示。

图 12-36 　　　　　　　　　　　　　图 12-37

图 12-38 　　　　　　　　　　　　图 12-39

12.2　运动产品广告

12.2.1　案例分析

使用"导入"命令导入素材文件，使用"效果控件"面板编辑视频并制作动画，使用"ProcAmp"效果调整视频颜色，使用"基本图形"面板添加并编辑图形和文本。

12.2.2　案例设计

本案例设计的效果如图 12-40 所示。

扫 码 观 看
微课：运动产品
广告

图 12-40

12.2.3 案例制作

（1）启动 Premiere Pro CC 2019，选择"文件>新建>项目"命令，弹出"新建项目"对话框，如图 12-41 所示，单击"确定"按钮，新建项目。选择"文件>新建>序列"命令，弹出"新建序列"对话框，单击"设置"选项卡，设置如图 12-42 所示，单击"确定"按钮，新建序列。

图 12-41 图 12-42

（2）选择"文件>导入"命令，弹出"导入"对话框，选择本书云盘中的"Ch12\运动产品广告\素材\01~03"文件，如图 12-43 所示。单击"打开"按钮，将素材文件导入"项目"面板中，如图 12-44 所示。

图 12-43 图 12-44

（3）在"项目"面板中选择"01"文件并将其拖曳到"时间轴"面板中的"视频 1（V1）"轨道中，弹出"剪辑不匹配警告"对话框，单击"保持现有设置"按钮，在保持现有序列设置的情况下将"01"文件放置在"视频 1（V1）"轨道中，如图 12-45 所示。将时间标签放置在 05:00s 的位置。将鼠标指针放在"01"文件的结束位置并单击，显示编辑点。当鼠标指针呈◂┃▸状时，向左拖曳鼠标指针到 05:00s 的位置，如图 12-46 所示。

图 12-45 图 12-46

（4）选择"时间轴"面板中的"01"文件，如图 12-47 所示。选择"效果控件"面板，展开"运动"选项，将"缩放"选项设置为 67.0，如图 12-48 所示。

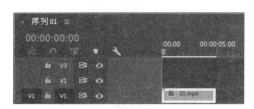

图 12-47　　　　　　　　　　　　　　　图 12-48

（5）选择"效果"面板，展开"视频效果"分类选项，单击"调整"文件夹左侧的三角形按钮▶将其展开，选择"ProcAmp"效果，如图 12-49 所示。将"ProcAmp"效果拖曳到"时间轴"面板"视频 1（V1）"轨道中的"01"文件上。选择"效果控件"面板，展开"ProcAmp"选项，其中各选项的设置如图 12-50 所示。

图 12-49　　　　　　　　　　　　图 12-50

（6）选择"基本图形"面板，单击"编辑"选项卡，单击"新建图层"按钮，在弹出的菜单中选择"文本"选项。在"时间轴"面板中的"视频 2（V2）"轨道中生成"新建文本图层"文件，如图 12-51 所示。"节目"监视器窗口中的效果如图 12-52 所示。

图 12-51　　　　　　　　　　　　图 12-52

（7）在"节目"监视器窗口中修改文字，效果如图 12-53 所示。将时间标签放置在 00:13s 的位置，将鼠标指针放在"运动"文件的结束位置并单击，显示编辑点。当鼠标指针呈◀状时，向左拖曳鼠标指针到 00:13s 的位置，如图 12-54 所示。

图 12-53

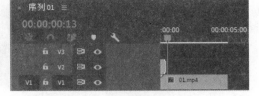
图 12-54

（8）将时间标签放置在 0s 的位置。在"基本图形"面板中选择"运动"图层，"基本图形"面板的"对齐并变换"栏中的设置如图 12-55 所示；"文本"栏中的设置如图 12-56 所示。

图 12-55

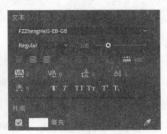
图 12-56

（9）选择"时间轴"面板中的"运动"文件。选择"效果控件"面板，展开"运动"选项，将"位置"选项设置为 640.0 和 360.0，单击"位置"选项左侧的"切换动画"按钮 🕐，如图 12-57 所示，记录第 1 个动画关键帧。将时间标签放置在 00:05s 的位置。将"位置"选项设置为 569.0 和 360.0，记录第 2 个动画关键帧。单击"缩放"选项左侧的"切换动画"按钮 🕐，如图 12-58 所示，记录第 1 个动画关键帧。

（10）将时间标签放置在 00:12s 的位置。将"缩放"选项设置为 70.0，如图 12-59 所示，记录第 2 个动画关键帧。

图 12-57

图 12-58

图 12-59

（11）将时间标签放置在 00:05s 的位置，取消"时间轴"面板中"运动"文件的选取状态。选择"基本图形"面板，单击"编辑"选项卡，单击"新建图层"按钮 ，在弹出的菜单中选择"文本"选项。在"时间轴"面板中的"视频 3（V3）"轨道中生成"新建文本图层"文件，如图 12-60所示。"节目"监视器窗口中的效果如图 12-61 所示。

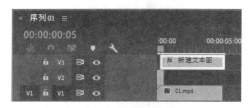

图 12-60 · · · · · · · · · · · · · · · 图 12-61

（12）在"节目"监视器窗口中修改文字，效果如图 12-62 所示。将鼠标指针放在"艺术"文件的结束位置并单击，显示编辑点。当鼠标指针呈 状时，向左拖曳鼠标指针到"运动"文件的结束位置，如图 12-63 所示。

图 12-62 · · · · · · · · · · · · · · · 图 12-63

（13）在"基本图形"面板中选择"艺术"图层，"对齐并变换"栏中的设置如图 12-64 所示；"文本"栏中的设置如图 12-65 所示。

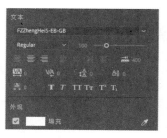

图 12-64 · · · · · · · · · · · · · · · 图 12-65

（14）选择"时间轴"面板中的"艺术"文件。选择"效果控件"面板，展开"运动"选项，单击"缩放"选项左侧的"切换动画"按钮 ，如图 12-66 所示，记录第 1 个动画关键帧。将时间标签放置在 00:12s 的位置。将"缩放"选项设置为 70.0，如图 12-67 所示，记录第 2 个动画关键帧。

（15）将时间标签放置在 00:13s 的位置，取消"时间轴"面板中"艺术"文件的选取状态。选择"基本图形"面板，单击"编辑"选项卡，单击"新建图层"按钮 ，在弹出的菜单中选择"文本"选项。在"时间轴"面板中的"视频 2（V2）"轨道中生成"新建文本图层"文件，如图 12-68所示。在"节目"监视器窗口中修改文字，效果如图 12-69 所示。

图 12-66

图 12-67

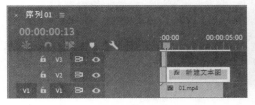
图 12-68

图 12-69

（16）将时间标签放置在 01:04s 的位置。将鼠标指针放在"来源于生活"文件的结束位置并单击，显示编辑点。当鼠标指针呈 ◀| 状时，向左拖曳鼠标指针到 01:04s 的位置，如图 12-70 所示。

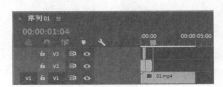
图 12-70

（17）在"时间轴"面板中选择"来源于生活"文件。在"基本图形"面板中选择"来源于生活"图层，"对齐并变换"栏中的设置如图 12-71 所示；"文本"栏中的设置如图 12-72 所示。用上述方法为文字添加关键帧，并制作其他文字，效果如图 12-73 所示。

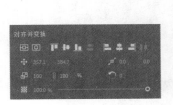
图 12-71

图 12-72

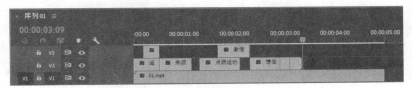
图 12-73

（18）选择"基本图形"面板，单击"编辑"选项卡，单击"新建图层"按钮 ，在弹出的菜单中选择"矩形"选项，如图 12-74 所示。在"时间轴"面板中的"视频 2（V2）"轨道中生成"图形"文件，如图 12-75 所示。"节目"监视器窗口中的效果如图 12-76 所示。

（19）在"时间轴"面板中选择"图形"文件。在"基本图形"面板中选择"形状 01"图层，在"外观"栏中将"填充"选项设置为红色（230，61，24），"对齐并变换"栏中的设置如图 12-77 所示。

图 12-74

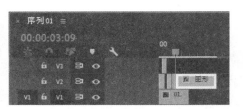

图 12-75

图 12-76

图 12-77

（20）选择"工具"面板中的"钢笔工具" ，在"节目"监视器窗口中选择右上角的锚点，并将其拖曳到适当的位置，效果如图 12-78 所示。用相同的方法调整右下角和左下角的锚点，效果如图 12-79 所示。

图 12-78

图 12-79

（21）将鼠标指针放在"图形"文件的结束位置并单击，显示编辑点。当鼠标指针呈 状时，向左拖曳鼠标指针到"01"文件的结束位置，如图 12-80 所示。

（22）选择"效果控件"面板，展开"形状（形状 01）"选项，取消勾选"等比缩放"复选框，将"垂直缩放"选项设置为 0，单击"垂直缩放"选项左侧的"切换动画"按钮 ，如图 12-81 所示，记录第 1 个动画关键帧。将时间标签放置在 03:22s 的位置。将"垂直缩放"选项设置为100，如图 12-82 所示，记录第 2 个动画关键帧。

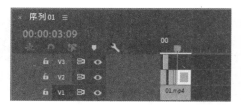

图 12-80

图 12-81   图 12-82

（23）将时间标签放置在 03:14s 的位置。在"项目"面板中选择"02"文件并将其拖曳到"时间轴"面板中的"视频 3（V3）"轨道中，如图 12-83 所示。将鼠标指针放在"02"文件的结束位置并单击，显示编辑点。当鼠标指针呈 ◄| 状时，向左拖曳鼠标指针到"01"文件的结束位置，如图 12-84 所示。

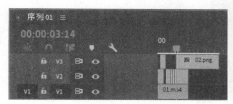

图 12-83   图 12-84

（24）将时间标签放置在 03:20s 的位置。选择"效果控件"面板，展开"运动"选项，将"位置"选项设置为 590.0 和 437.0，单击"位置"选项左侧的"切换动画"按钮 ◎，如图 12-85 所示，记录第 1 个动画关键帧。将时间标签放置在 04:03s 的位置。将"位置"选项设置为 590.0 和 370.0，如图 12-86 所示，记录第 2 个动画关键帧。

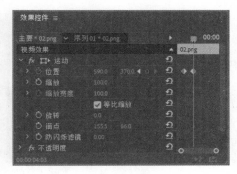

图 12-85   图 12-86

（25）将时间标签放置在 03:20s 的位置。选择"效果控件"面板，展开"不透明度"选项，将"不透明度"选项设置为 0.0%，如图 12-87 所示，记录第 1 个动画关键帧。将时间标签放置在 03:22s 的位置。将"不透明度"选项设置为 100.0%，如图 12-88 所示，记录第 2 个动画关键帧。

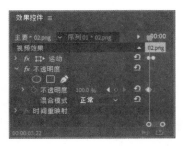

图 12-87   图 12-88

（26）在"项目"面板中选择"03"文件并将其拖曳到"时间轴"面板中的"音频 1（A1）"轨道中，如图 12-89 所示。将鼠标指针放在"03"文件的结束位置并单击，显示编辑点。当鼠标指针呈 ◄ 状时，向左拖曳鼠标指针到"01"文件的结束位置，如图 12-90 所示。运动产品广告制作完成。

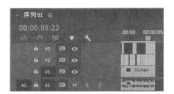

图 12-89   图 12-90

12.3 家电电商广告

12.3.1 案例分析

使用"导入"命令导入素材文件，使用"基本图形"面板添加并编辑文本，使用"旋转扭曲"效果制作背景的扭曲效果，使用"效果控件"面板制作缩放与不透明度动画，使用"划出"效果制作文字划出效果。

12.3.2 案例设计

本案例设计的效果如图 12-91 所示。

扫 码 观 看
微课：家电电商
广告

图 12-91

12.3.3　案例制作

（1）启动 Premiere Pro CC 2019，选择"文件>新建>项目"命令，弹出"新建项目"对话框，如图 12-92 所示，单击"确定"按钮，新建项目。选择"文件>新建>序列"命令，弹出"新建序列"对话框，单击"设置"选项卡，设置如图 12-93 所示，单击"确定"按钮，新建序列。

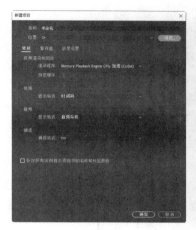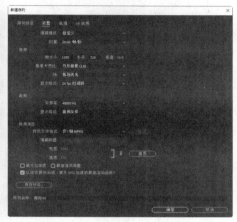

图 12-92　　　　　　　　　　　　　　　图 12-93

（2）选择"文件>导入"命令，弹出"导入"对话框，选择本书云盘中的"Ch12\家电电商广告\素材\01~05"文件，如图 12-94 所示。单击"打开"按钮，将素材文件导入"项目"面板中，如图 12-95 所示。

图 12-94　　　　　　　　　　　　　　　图 12-95

（3）在"项目"面板中选择"01"文件并将其拖曳到"时间轴"面板中的"视频 1（V1）"轨道中，如图 12-96 所示。在"项目"面板中选择"04"文件并将其拖曳到"时间轴"面板中的"视频 2（V2）"轨道中，如图 12-97 所示。

图 12-96　　　　　　　　　　　　　　　图 12-97

（4）选择"时间轴"面板中的"04"文件。选择"效果控件"面板，展开"运动"选项，将"位置"选项设置为 656.0 和 336.0，如图 12-98 所示。选择"效果"面板，展开"视频效果"分类选项，单击"扭曲"文件夹左侧的三角形按钮▶将其展开，选择"旋转扭曲"效果，如图 12-99 所示。将"旋转扭曲"效果拖曳到"时间轴"面板"视频 2（V2）"轨道中的"04"文件上。

图 12-98　　　　　　　　　　图 12-99

（5）选择"效果控件"面板，展开"旋转扭曲(扭曲入点)"选项，将"角度"选项设置为 4×0.0°，"旋转扭曲半径"选项设置为 50.0，单击"角度"和"旋转扭曲半径"选项左侧的"切换动画"按钮⦿，如图 12-100 所示，记录第 1 个动画关键帧。将时间标签放置在 01:00s 的位置。将"角度"选项设置为 0.0°，"旋转扭曲半径"选项设置为 75.0，如图 12-101 所示，记录第 2 个动画关键帧。

图 12-100　　　　　　　　　　图 12-101

（6）在"项目"面板中选择"02"文件并将其拖曳到"时间轴"面板中的"视频 3（V3）"轨道中。将时间标签放置在 0s 的位置。选择"时间轴"面板中的"02"文件。选择"效果控件"面板，展开"运动"选项，将"位置"选项设置为 661.0 和 891.0，单击"位置"选项左侧的"切换动画"按钮⦿，如图 12-102 所示，记录第 1 个动画关键帧。将时间标签放置在 00:05s 的位置。将"位置"选项设置为 661.0 和 681.0，如图 12-103 所示，记录第 2 个动画关键帧。

图 12-102　　　　　　　　　　图 12-103

（7）将时间标签放置在 01:02s 的位置。在"项目"面板中选择"03"文件并将其拖曳到"时间轴"面板上方的空白区域，生成"视频 4（V4）"轨道。将鼠标指针放在"03"文件的结束位置并单击，显示编辑点。当鼠标指针呈 ⊞ 状时，向左拖曳鼠标指针到"02"文件的结束位置，如图 12–104 所示。选择"时间轴"面板中的"03"文件。选择"效果控件"面板，展开"运动"选项，将"位置"选项设置为 926.0 和 389.0，如图 12–105 所示。

图 12–104

图 12–105

（8）选择"效果控件"面板，展开"不透明度"选项，单击"不透明度"选项右侧的"添加/移除关键帧"按钮 ○，如图 12–106 所示，记录第 1 个动画关键帧。将时间标签放置在 01:15s 的位置。将"不透明度"选项设置为 0.0%，如图 12–107 所示，记录第 2 个动画关键帧。将时间标签放置在 01:18s 的位置。将"不透明度"选项设置为 100.0%，如图 12–108 所示，记录第 3 个动画关键帧。

图 12–106

图 12–107

图 12–108

（9）将时间标签放置在 01:21s 的位置。将"不透明度"选项设置为 0.0%，如图 12–109 所示，记录第 4 个动画关键帧。将时间标签放置在 01:24s 的位置。将"不透明度"选项设置为 100.0%，如图 12–110 所示，记录第 5 个动画关键帧。取消"03"文件的选取状态。

图 12–109

图 12–110

（10）将时间标签放置在 01:02s 的位置。选择"基本图形"面板，单击"编辑"选项卡，单击

"新建图层"按钮，在弹出的菜单中选择"文本"选项。在"时间轴"面板中生成"视频 5
（V5）"轨道和"新建文本图层"文件，如图 12-111 所示。将鼠标指针放在"新建文本图层"文件
的结束位置并单击，显示编辑点。当鼠标指针呈 状时，向左拖曳鼠标指针到"03"文件的结束位
置，如图 12-112 所示。

图 12-111

图 12-112

（11）在"节目"监视器窗口中修改文字，效果如图 12-113 所示。在"基本图形"面板中选择
文字图层，"对齐并变换"栏中的设置如图 12-114 所示；"文本"栏中的设置如图 12-115 所示，"节
目"监视器窗口中的效果如图 12-116 所示。

图 12-113

图 12-114

图 12-115

图 12-116

（12）选择"时间轴"面板中的文字文件。选择"效果控件"面板，展开"运动"选项，将"位
置"选项设置为 450.7 和 276.1，"缩放"选项设置为 0.0，单击"缩放"选项左侧的"切换动画"按
钮，如图 12-117 所示，记录第 1 个动画关键帧。将时间标签放置在 01:12s 的位置。将"缩放"
选项设置为 100.0，如图 12-118 所示，记录第 2 个动画关键帧。

图 12-117

图 12-118

（13）将时间标签放置在 01:02s 的位置。选择"基本图形"面板，单击"编辑"选项卡，单击"新建图层"按钮 ，在弹出的菜单中选择"文本"选项。在"时间轴"面板中生成"视频 6（V6）"轨道和"新建文本图层"文件，如图 12-119 所示。将鼠标指针放在"新建文本图层"文件的结束位置并单击，显示编辑点。当鼠标指针呈 状时，向左拖曳鼠标指针到"03"文件的结束位置，如图 12-120 所示。

图 12-119

图 12-120

（14）在"节目"监视器窗口中修改文字，效果如图 12-121 所示。在"基本图形"面板中选择文字图层，"对齐并变换"栏中的设置如图 12-122 所示；"文本"栏中的设置如图 12-123 所示，"节目"监视器窗口中的效果如图 12-124 所示。

图 12-121

图 12-122

图 12-123

图 12-124

（15）选择"时间轴"面板中的文字文件。选择"效果控件"面板，展开"运动"选项，将"位置"选项设置为 447.1 和 373.5，"缩放"选项设置为 0.0，单击"缩放"选项左侧的"切换动画"按钮 ，如图 12-125 所示，记录第 1 个动画关键帧。将时间标签放置在 01:12s 的位置。将"缩放"选项设置为 100.0，如图 12-126 所示，记录第 2 个动画关键帧。

图 12-125

图 12-126

（16）在"项目"面板中选择"05"文件并将其拖曳到"时间轴"面板上方的空白区域，生成"视频7（V7）"轨道。将鼠标指针放在"05"文件的结束位置并单击，显示编辑点。当鼠标指针呈◀状时，向左拖曳鼠标指针到"02"文件的结束位置，如图12-127所示。选择"时间轴"面板中的"05"文件。选择"效果控件"面板，展开"运动"选项，将"位置"选项设置为447.0和471.0，如图12-128所示。

图 12-127　　　　　　　　　　　图 12-128

（17）选择"效果"面板，展开"视频过渡"分类选项，单击"擦除"文件夹左侧的三角形按钮▶，将其展开，选择"划出"效果，如图12-129所示。将"划出"效果拖曳到"时间轴"面板"视频7（V7）"轨道中的"05"文件的开始位置，如图12-130所示。选择"时间轴"面板中的"划出"效果。选择"效果控件"面板，将"持续时间"选项设置为00:00:00:10，如图12-131所示。家电电商广告制作完成。

图 12-129　　　　　　　　　　图 12-130　　　　　　　　　　图 12-131

12.4　课堂练习——汽车宣传广告

练习知识要点

使用"导入"命令导入素材文件，使用"时间轴"面板控制图像的出场顺序，使用"效果控件"面板编辑图像的位置、缩放比例和不透明度并制作动画，使用不同的过渡效果制作图像之间的过渡效果，使用"添加轨道"命令添加新轨道。汽车宣传广告效果如图12-132所示。

效果所在位置　云盘\Ch12\汽车宣传广告\汽车宣传广告. prproj。

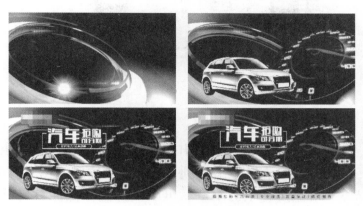 

图 12-132

12.5　课后习题——化妆品广告

习题知识要点

　　使用"导入"命令导入素材文件，使用"旧版标题"命令创建字幕，使用"字幕"面板和"旧版标题属性"面板添加并编辑字幕，使用"球面化"效果制作文字动画。化妆品广告效果如图 12-133 所示。

效果所在位置　云盘\Ch12\化妆品广告\化妆品广告. prproj。

图 12-133

第 13 章
制作节目片头

节目片头用于引导观众对影片内容的兴趣。本章以多类主题的节目片头为例，讲解节目片头的构思方法和制作技巧，希望读者学习本章后可以设计制作出拥有自己独特风格的节目片头。

课堂学习目标

✔ 了解节目片头的构成元素。
✔ 掌握节目片头的表现手段。
✔ 掌握节目片头的制作技巧。

13.1 快乐旅行节目片头

13.1.1 案例分析

使用"导入"命令导入素材文件，使用"旧版标题"命令和"字幕"面板创建并编辑字幕，使用"效果控件"面板制作文字动画。

13.1.2 案例设计

本案例设计的效果如图 13-1 所示。

扫 码 观 看
微课：快乐旅行
节目片头

图 13-1

13.1.3 案例制作

（1）启动 Premiere Pro CC 2019，选择"文件>新建>项目"命令，弹出"新建项目"对话框，如图 13-2 所示，单击"确定"按钮，新建项目。选择"文件>新建>序列"命令，弹出"新建序列"对话框，单击"设置"选项卡，设置如图 13-3 所示，单击"确定"按钮，新建序列。

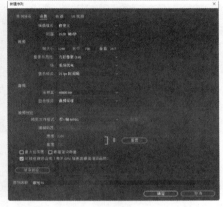

图 13-2   图 13-3

（2）选择"文件>导入"命令，弹出"导入"对话框，选择本书云盘中的"Ch13\快乐旅行节目片头\素材\01～03"文件，如图 13-4 所示。单击"打开"按钮，将素材文件导入"项目"面板中，如图 13-5 所示。

图 13-4   图 13-5

（3）在"项目"面板中选择"01"文件并将其拖曳到"时间轴"面板的"视频 1（V1）"轨道中，如图 13-6 所示。将时间标签放置在 02:05s 的位置。将鼠标指针放在"01"文件的结束位置，当鼠标指针呈◀状时单击，向左拖曳鼠标指针到时间标签的位置，如图 13-7 所示。

图 13-6   图 13-7

（4）将时间标签放置在 0s 的位置。选择"文件 > 新建 > 旧版标题"命令，弹出"新建字幕"对话框，如图 13-8 所示。单击"确定"按钮，弹出"字幕"面板。选择"旧版标题工具"面板中的"文字工具" ，在"字幕"面板中单击并输入需要的文字，如图 13-9 所示。

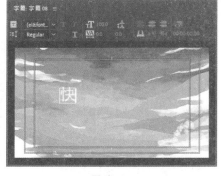

图 13-8 　　　　　　　　　　　　　　　　　图 13-9

（5）选择"旧版标题属性"面板，展开"属性"栏，设置如图 13-10 所示。展开"填充"栏，将"颜色"选项设置为白色。展开"阴影"栏，将"颜色"选项设置为橘色（219，93，0），其他选项的设置如图 13-11 所示。"字幕"面板中的效果如图 13-12 所示。在"项目"面板中生成"字幕01"文件。

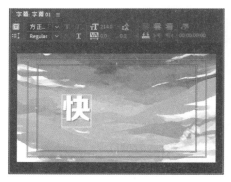

图 13-10 　　　　　　　　　图 13-11 　　　　　　　　　图 13-12

（6）用相同的方法新建 3 个字幕，并分别填充适当的颜色和投影，如图 13-13～图 13-15 所示。用相同的方法新建"字幕 05"文件，并填充为白色，如图 13-16 所示。

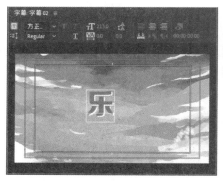

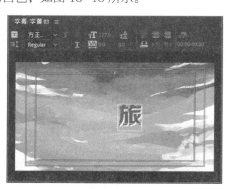

图 13-13 　　　　　　　　　　　　　　　　　图 13-14

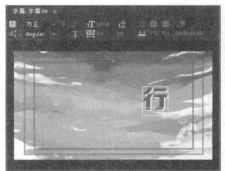

图 13-15　　　　　　　　　　　　　图 13-16

（7）选择"旧版标题工具"面板中的"矩形工具" ，在"字幕"面板中绘制矩形。选择"旧版标题属性"面板，展开"填充"栏，将"颜色"选项设置为蓝色（27，114，220），效果如图 13-17所示。按 Ctrl+Shift+ [组合键，后移矩形，如图 13-18 所示。

图 13-17　　　　　　　　　　　　　图 13-18

（8）用相同的方法新建"字幕 06"和"字幕 07"文件，并填充为白色，如图 13-19 和图 13-20所示。

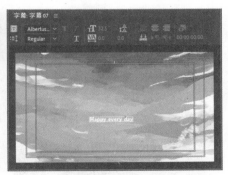

图 13-19　　　　　　　　　　　　　图 13-20

（9）在"时间轴"面板中选择"01"文件。选择"效果控件"面板，展开"运动"选项，单击"缩放"选项左侧的"切换动画"按钮 ，如图 13-21 所示，记录第 1 个动画关键帧。将时间标签放置在 02：05s 的位置。将"缩放"选项设置为 120.0，如图 13-22 所示，记录第 2 个动画关键帧。

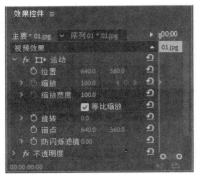

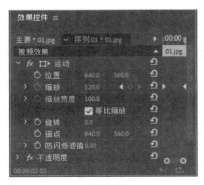

图 13-21   图 13-22

（10）将时间标签放置在 0s 的位置。在"项目"面板中选择"字幕 01"文件并将其拖曳到"时间轴"面板的"视频 2（V2）"轨道中，如图 13-23 所示。将鼠标指针放在"字幕 01"文件的结束位置并单击，显示编辑点。当鼠标指针呈 状时，向左拖曳鼠标指针到"01"文件的结束位置，如图 13-24 所示。

图 13-23   图 13-24

（11）在"时间轴"面板中选择"字幕 01"文件。选择"效果控件"面板，展开"运动"选项，将"位置"选项设置为 641.8 和 347.5，"缩放"选项设置为 0.0，"旋转"选项设置为 1×0.0°，单击"缩放"和"旋转"选项左侧的"切换动画"按钮 ，如图 13-25 所示，记录第 1 个动画关键帧。将时间标签放置在 00:05s 的位置。将"缩放"选项设置为 100.0，"旋转"选项设置为 0.0°，如图 13-26 所示，记录第 2 个动画关键帧。

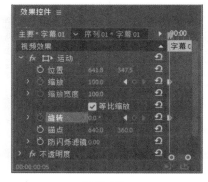

图 13-25   图 13-26

（12）在"项目"面板中选择"字幕 02"文件并将其拖曳到"时间轴"面板的"视频 3（V3）"轨道中，如图 13-27 所示。将鼠标指针放在"字幕 02"文件的结束位置并单击，显示编辑点。当鼠标指针呈 状时，向左拖曳鼠标指针到"字幕 01"文件的结束位置，如图 13-28 所示。

（13）在"时间轴"面板中选择"字幕02"文件。选择"效果控件"面板，展开"运动"选项，将"缩放"选项设置为0.0，"旋转"选项设置为1×0.0°，单击"缩放"和"旋转"选项左侧的"切换动画"按钮 ，如图13-29所示，记录第1个动画关键帧。将时间标签放置在00:10s的位置。在"效果控件"面板中将"缩放"选项设置为100.0，"旋转"选项设置为0.0°，如图13-30所示，记录第2个动画关键帧。

图 13-27　　　　　　　　　　　　　　　　　图 13-28

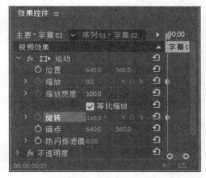 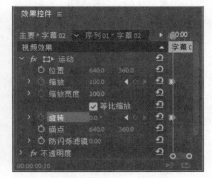

图 13-29　　　　　　　　　　　　　　　　　图 13-30

（14）选择"序列>添加轨道"命令，在弹出的对话框中进行设置，如图13-31所示，单击"确定"按钮，添加7条视频轨道。在"时间轴"面板中添加字幕素材，并制作关键帧，如图13-32所示。

图 13-31　　　　　　　　　　　　　　　　　图 13-32

（15）将时间标签放置在00:20s的位置。在"项目"面板中分别选择"字幕06""字幕07""02"文件并将其拖曳到"时间轴"面板的"视频7（V7）""视频8（V8）""视频9（V9）"轨道中，剪辑素材后"时间轴"面板如图13-33所示。

（16）选择"时间轴"面板中的"02"文件。选择"效果控件"面板，展开"运动"选项，将"位置"选项设置为1408.0和434.0，单击"位置"选项左侧的"切换动画"按钮，如图13-34所示，记录第1个动画关键帧。将时间标签放置在01:00s的位置。在"效果控件"面板中将"位置"选项设置为886.0和434.0，如图13-35所示，记录第2个动画关键帧。

图13-33

图13-34

图13-35

（17）在"项目"面板中选择"03"文件并将其拖曳到"时间轴"面板的"视频10（V10）"轨道中，如图13-36所示。将鼠标指针放在"03"文件的结束位置并单击，显示编辑点。当鼠标指针呈状时，向左拖曳鼠标指针到"02"文件的结束位置，如图13-37所示。

图13-36

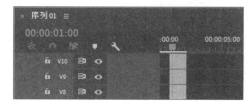

图13-37

（18）将时间标签放置在00:20s的位置。选择"时间轴"面板中的"03"文件。选择"效果控件"面板，展开"运动"选项，将"缩放"选项设置为0.0，单击"缩放"选项左侧的"切换动画"按钮，如图13-38所示，记录第1个动画关键帧。将时间标签放置在01:00s的位置。将"缩放"选项设置为100.0，如图13-39所示，记录第2个动画关键帧。快乐旅行节目片头制作完成。

图13-38

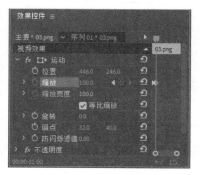

图13-39

13.2　烹饪节目片头

13.2.1　案例分析

使用"导入"命令导入素材文件，使用"效果控件"面板编辑视频的大小并制作动画，使用"速度/持续时间"命令调整视频的速度和持续时间，使用"基本图形"面板添加字幕。

13.2.2　案例设计

本案例设计的效果如图 13-40 所示。

图 13-40

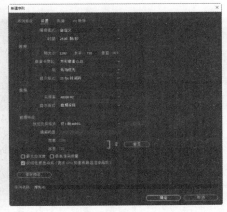

13.2.3　案例制作

（1）启动 Premiere Pro CC 2019，选择"文件>新建>项目"命令，弹出"新建项目"对话框，如图 13-41 所示，单击"确定"按钮，新建项目。选择"文件>新建>序列"命令，弹出"新建序列"对话框，单击"设置"选项卡，设置如图 13-42 所示，单击"确定"按钮，新建序列。

图 13-41　　　　　　　　　　　　图 13-42

（2）选择"文件>导入"命令，弹出"导入"对话框，选择本书云盘中的"Ch13\烹饪节目片头\素材\01～16"文件，如图 13-43 所示。单击"打开"按钮，将素材文件导入"项目"面板中，如图 13-44 所示。

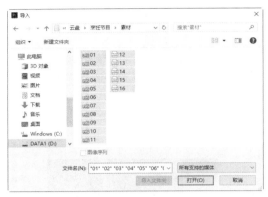

图 13-43　　　　　　　　　　　　　　图 13-44

（3）在"项目"面板中选择"01"文件并将其拖曳到"时间轴"面板的"视频 1（V1）"轨道中，如图 13-45 所示。将时间标签放置在 12:00s 的位置。将鼠标指针放在"01"文件的结束位置并单击，显示编辑点。当鼠标指针呈 状时，向右拖曳鼠标指针到 12:00s 的位置，如图 13-46 所示。

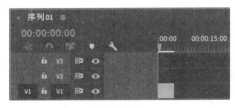

图 13-45　　　　　　　　　　　　　　图 13-46

（4）将时间标签放置在 00:12s 的位置。在"项目"面板中选择"02"文件并将其拖曳到"时间轴"面板的"视频 2（V2）"轨道中，如图 13-47 所示。将时间标签放置在 03:16s 的位置。将鼠标指针放在"02"文件的结束位置并单击，显示编辑点。当鼠标指针呈 状时，向左拖曳鼠标指针到 03:16s 的位置，如图 13-48 所示。

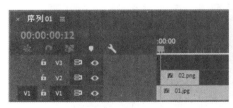

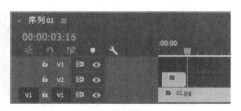

图 13-47　　　　　　　　　　　　　　图 13-48

（5）选择"时间轴"面板中的"02"文件，如图 13-49 所示。选择"效果控件"面板，展开"运动"选项，将"缩放"选项设置为 30.0，如图 13-50 所示。

（6）将时间标签放置在 00:18s 的位置。在"项目"面板中选择"03"文件并将其拖曳到"时间轴"面板的"视频 3（V3）"轨道中，如图 13-51 所示。将鼠标指针放在"03"文件的结束位置并单

击，显示编辑点。当鼠标指针呈 ◄ 状时，向左拖曳鼠标指针到"02"文件的结束位置，如图 13-52
所示。

图 13-49

图 13-50

图 13-51

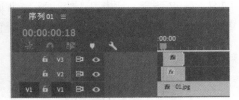

图 13-52

（7）选择"时间轴"面板中的"03"文件。选择"效果控件"面板，展开"运动"选项，将"位置"选项设置为 838.0 和 287.0，"缩放"选项设置为 0.0，单击"缩放"选项左侧的"切换动画"按钮 ⏱，如图 13-53 所示，记录第 1 个动画关键帧。将时间标签放置在 00:22s 的位置。将"缩放"选项设置为 100.0，如图 13-54 所示，记录第 2 个动画关键帧。

图 13-53

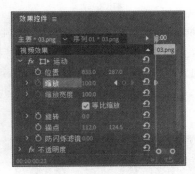

图 13-54

（8）选择"序列 > 添加轨道"命令，在弹出的对话框中进行设置，如图 13-55 所示，单击"确定"按钮，在"时间轴"面板中添加 8 条视频轨道。

（9）将时间标签放置在 00:24s 的位置。在"项目"面板中选择"04"文件并将其拖曳到"时间轴"面板的"视频 4（V4）"轨道中。将鼠标指针放在"04"文件的结束位置并单击，显示编辑点。当鼠标指针呈 ◄ 状时，向左拖曳鼠标指针到"03"文件的结束位置，如图 13-56 所示。

图 13-55　　　　　　　　　　　　　　图 13-56

（10）选择"时间轴"面板中的"04"文件。选择"效果控件"面板，展开"运动"选项，将"位置"选项设置为 381.0 和 543.0，"缩放"选项设置为 0.0，单击"缩放"选项左侧的"切换动画"按钮，如图 13-57 所示，记录第 1 个动画关键帧。将时间标签放置在 01:03s 的位置。将"缩放"选项设置为 100.0，如图 13-58 所示，记录第 2 个动画关键帧。

　　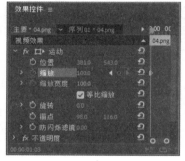

图 13-57　　　　　　　　　　　　　　图 13-58

（11）用相同的方法添加"05"～"10"文件，在"效果控件"面板中调整其位置并制作缩放动画。将时间标签放置在 02:19s 的位置。在"项目"面板中选择"11"文件并将其拖曳到"时间轴"面板的"视频 11（V11）"轨道中，如图 13-59 所示。将鼠标指针放在"11"文件的结束位置并单击，显示编辑点。当鼠标指针呈状时，向左拖曳鼠标指针到"10"文件的结束位置，如图 13-60 所示。

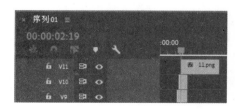　　

图 13-59　　　　　　　　　　　　　　图 13-60

（12）选择"时间轴"面板中的"11"文件。选择"效果控件"面板，展开"运动"选项，将"位置"选项设置为 517.0 和 484.0，"缩放"选项设置为 0.0，"旋转"选项设置为 -27.0°，单击"缩放"选项左侧的"切换动画"按钮，如图 13-61 所示，记录第 1 个动画关键帧。将时间标签放置在 02:24s

的位置。将"缩放"选项设置为 115.0，如图 13-62 所示，记录第 2 个动画关键帧。

图 13-61   图 13-62

（13）在"项目"面板中选择"12"文件并将其拖曳到"时间轴"面板的"视频 2（V2）"轨道中，如图 13-63 所示。选择"剪辑 > 速度/持续时间"命令，在弹出的对话框中进行设置，如图 13-64 所示。单击"确定"按钮，效果如图 13-65 所示。

（14）将时间标签放置在 04:24s 的位置。将鼠标指针放在"12"文件的结束位置并单击，显示编辑点。当鼠标指针呈┫状时，向左拖曳鼠标指针到 04:24s 的位置，如图 13-66 所示。

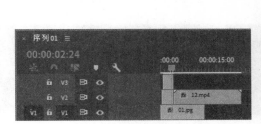

图 13-63   图 13-64

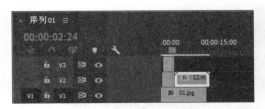

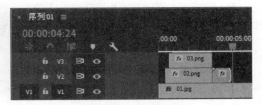

图 13-65   图 13-66

（15）选择"时间轴"面板中的"12"文件，如图 13-67 所示。选择"效果控件"面板，展开"运动"选项，将"缩放"选项设置为 34.0，如图 13-68 所示。

（16）将时间标签放置在 04:16s 的位置。在"项目"面板中选择"13"文件并将其拖曳到"时间轴"面板的"视频 3（V3）"轨道中，如图 13-69 所示。选择"剪辑>速度/持续时间"命令，在弹出的对话框中进行设置，如图 13-70 所示。单击"确定"按钮，效果如图 13-71 所示。

（17）将时间标签放置在 06:05s 的位置。将鼠标指针放在"13"文件的结束位置并单击，显示编辑点。当鼠标指针呈┫状时，向左拖曳鼠标指针到 06:05s 的位置，如图 13-72 所示。

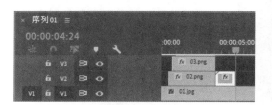

图 13-67

图 13-68

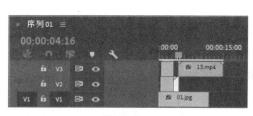

图 13-69

图 13-70

图 13-71

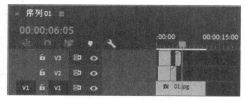

图 13-72

（18）选择"时间轴"面板中的"13"文件，如图 13-73 所示。选择"效果控件"面板，展开"运动"选项，将"缩放"选项设置为 67.0，如图 13-74 所示。

图 13-73

图 13-74

（19）用相同的方法添加"14"～"16"文件，调整其速度和持续时间，并在"效果控件"面板中调整其大小，"时间轴"面板如图 13-75 所示。选择"基本图形"面板，单击"编辑"选项卡，单击"新建图层"按钮 ，在弹出的菜单中选择"文本"选项，如图 13-76 所示。

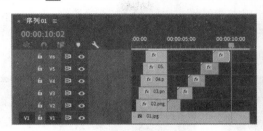

图 13-75　　　　　　　　　　　　　　　　图 13-76

（20）在"时间轴"面板的"视频 2（V2）"轨道中生成"新建文本图层"文件，如图 13-77 所示。"节目"监视器窗口中的效果如图 13-78 所示。

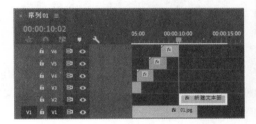

图 13-77　　　　　　　　　　　　　　　　图 13-78

（21）在"节目"监视器窗口中修改文字，效果如图 13-79 所示。在"时间轴"面板中将鼠标指针放在"香哈哈厨房"文件的结束位置并单击，显示编辑点。当鼠标指针呈 状时，向左拖曳鼠标指针到"01"文件的结束位置，如图 13-80 所示。

图 13-79　　　　　　　　　　　　　　　　图 13-80

（22）在"基本图形"面板中选择"香哈哈厨房"图层，"对齐并变换"栏中的设置如图 13-81 所示；将"外观"栏中的"填充"选项设置为红色（224，0，27），"文本"栏中的设置如图 13-82 所示。

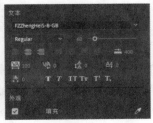

图 13-81　　　　　　　　　　　　　　　　图 13-82

（23）选择"时间轴"面板中的"香哈哈厨房"文件。选择"效果控件"面板，展开"运动"选项，将"位置"选项设置为 640.0 和 62.0，单击"位置"选项左侧的"切换动画"按钮，如图 13-83 所示，记录第 1 个动画关键帧。将时间标签放置在 10:21s 的位置。将"位置"选项设置为 640.0 和 360.0，如图 13-84 所示，记录第 2 个动画关键帧。

图 13-83 图 13-84

（24）选择"基本图形"面板，单击"编辑"选项卡，单击"新建图层"按钮，在弹出的菜单中选择"文本"选项。在"时间轴"面板的"视频 3（V3）"轨道中生成"新建文本图层"文件，如图 13-85 所示。"节目"监视器窗口中的效果如图 13-86 所示。

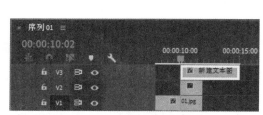

图 13-85 图 13-86

（25）在"节目"监视器窗口中修改文字，效果如图 13-87 所示。在"时间轴"面板中将鼠标指针放在"让做菜……"文件的结束位置并单击，显示编辑点。当鼠标指针呈状时，向左拖曳鼠标指针到"01"文件的结束位置，如图 13-88 所示。

图 13-87 图 13-88

（26）在"基本图形"面板中选择"让做菜……"图层，"对齐并变换"栏中的设置如图 13-89 所示；将"外观"栏中的"填充"选项设置为黑灰色（62，62，62），"文本"栏中的设置如图 13-90 所示。

（27）选择"时间轴"面板中的"让做菜……"文件。选择"效果控件"面板，展开"运动"选项，将"位置"选项设置为 640.0 和 646.0，单击"位置"选项左侧的"切换动画"按钮，如图 13-91

所示，记录第 1 个动画关键帧。将时间标签放置在 10:21s 的位置。将"位置"选项设置为 640.0 和 360.0，如图 13-92 所示，记录第 2 个动画关键帧。烹饪节目片头制作完成。

图 13-89 图 13-90

图 13-91 图 13-92

13.3 课堂练习——健康生活节目片头

练习知识要点

使用"导入"命令导入素材文件，使用"剃刀"工具切割视频，拖曳编辑点剪辑素材，使用"插入"命令插入素材文件。健康生活节目片头效果如图 13-93 所示。

效果所在位置 云盘\Ch13\健康生活节目片头\健康生活节目片头. prproj。

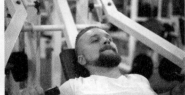

扫码观看
微课：健康生活
节目片头

图 13-93

13.4 课后习题——环保节目片头

习题知识要点

使用"导入"命令导入素材文件，使用"速度/持续时间"命令调整素材文件的速度和持续时间，使用"效果控件"面板编辑视频并制作动画，使用"效果"面板制作视频之间的过渡效果。环保节目片头效果如图 13-94 所示。

效果所在位置　云盘\Ch13\环保节目片头\环保节目片头. prproj。

扫 码 观 看
微课：环保
节目片头

图 13-94

第14章
制作MV

MV即Music Video，是把对音乐的解读用画面呈现的一种艺术类型。它不局限在电视上，还可以通过影碟发行或者通过网络的方式发布。本章以多类主题的MV为例，讲解MV的构思方法和制作技巧，读者学习本章后可以设计制作出精彩独特的MV。

课堂学习目标

- ✔ 了解MV的组成元素。
- ✔ 掌握MV的设计思路。
- ✔ 掌握MV的制作技巧。

14.1 生日MV

14.1.1 案例分析

使用"旧版标题"命令添加并编辑文字，使用"效果控件"面板编辑视频的位置、缩放比例和不透明度，使用不同的过渡效果制作视频之间的过渡，使用"速度/持续时间"命令调整音频的播放速度和持续时间。

14.1.2 案例设计

本案例设计的效果如图14-1所示。

图14-1

14.1.3 案例制作

1. 制作画面 1

（1）启动 Premiere Pro CC 2019，选择"文件>新建>项目"命令，弹出"新建项目"对话框，如图 14-2 所示，单击"确定"按钮，新建项目。选择"文件>新建>序列"命令，弹出"新建序列"对话框，单击"设置"选项卡，设置如图 14-3 所示，单击"确定"按钮，新建序列。

图 14-2   图 14-3

（2）选择"文件>导入"命令，弹出"导入"对话框，选择本书云盘中的"Ch14\生日 MV\素材\01～04"文件，单击"打开"按钮，在弹出的"导入分层文件：01"对话框中进行设置，如图 14-4 所示。单击"确定"按钮，将素材文件导入"项目"面板中，如图 14-5 所示。

图 14-4   图 14-5

（3）在"项目"面板中选择"背景/01"文件并将其拖曳到"时间轴"面板中的"视频 1（V1）"轨道中，如图 14-6 所示。将时间标签放置在 07:00s 的位置。将鼠标指针放在"背景/01"文件的结束位置，当鼠标指针呈 状时，向右拖曳鼠标指针到时间标签所在的位置，如图 14-7 所示。

图 14-6   图 14-7

（4）将时间标签放置在 0s 的位置。选择"时间轴"面板中的"背景/01"文件。选择"效果控件"面板，展开"运动"选项，将"缩放"选项设置为 163.0，如图 14-8 所示。将时间标签放置在 01:00s 的位置。在"项目"面板中选择"羊身/01"文件并将其拖曳到"时间轴"面板中的"视频 2（V2）"轨道中。将鼠标指针放在"羊身/01"文件的结束位置，当鼠标指针呈 **◀|▶** 状时，向右拖曳鼠标指针到"背景/01"文件的结束位置，如图 14-9 所示。

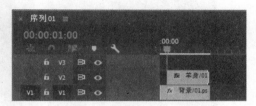

图 14-8　　　　　　　　　　　　　图 14-9

（5）将时间标签放置在 01:00s 的位置。选择"效果控件"面板，展开"运动"选项，将"缩放"选项设置为 0.0，单击"缩放"选项左侧的"切换动画"按钮 ⏱，如图 14-10 所示，记录第 1 个动画关键帧。将时间标签放置在 01:20s 的位置。将"缩放"选项设置为 100.0，如图 14-11 所示，记录第 2 个动画关键帧。

图 14-10　　　　　　　　　　　　　图 14-11

（6）将时间标签放置在 02:00s 的位置。在"项目"面板中选择"02"文件并将其拖曳到"时间轴"面板中的"视频 3（V3）"轨道中，如图 14-12 所示。

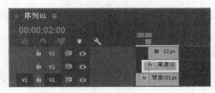

图 14-12

（7）选择"效果控件"面板，展开"运动"选项，将"位置"选项设置为 639.0 和 308.0，"缩放"

选项设置为 0.0，单击"缩放"选项左侧的"切换动画"按钮⏱，如图 14-13 所示，记录第 1 个动画关键帧。将时间标签放置在 03:00s 的位置。将"缩放"选项设置为 100.0，如图 14-14 所示，记录第 2 个动画关键帧。

（8）将时间标签放置在 02:00s 的位置。单击"旋转"选项左侧的"切换动画"按钮⏱，如图 14-15 所示，记录第 1 个动画关键帧。将时间标签放置在 02:10s 的位置。将"旋转"选项设置为 30.0°，如图 14-16 所示，记录第 2 个动画关键帧。将时间标签放置在 02:20s 的位置。将"旋转"选项设置为-30.0°，如图 14-17 所示，记录第 3 个动画关键帧。

图 14-13　　　　　　　　　　　图 14-14

图 14-15　　　　　　　　图 14-16　　　　　　　　图 14-17

（9）将时间标签放置在 03:05s 的位置。将"旋转"选项设置为 0.0°，如图 14-18 所示，记录第 4 个动画关键帧。将时间标签放置在 03:15s 的位置。将"旋转"选项设置为 30.0°，如图 14-19 所示，记录第 5 个动画关键帧。将时间标签放置在 04:00s 的位置。将"旋转"选项设置为 0.0°，如图 14-20 所示，记录第 6 个动画关键帧。

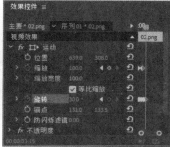
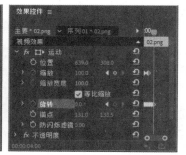

图 14-18　　　　　　　　图 14-19　　　　　　　　图 14-20

（10）在"项目"面板中选择"小花/01"文件并将其拖曳"时间轴"面板上方的空白区域，自动生成"视频 4（V4）"轨道并将"小花/01"文件放置到"视频 4（V4）"轨道中，如图 14-21 所示。将鼠标指针放在"小花/01"文件的结束位置，当鼠标指针呈 ◀ 状时，向左拖曳鼠标指针到"02"文件的结束位置，如图 14-22 所示。

图 14-21   图 14-22

（11）选择"时间轴"面板中的"小花/01"文件。选择"效果控件"面板，展开"运动"选项，将"缩放"选项设置为 0.0，单击"缩放"选项左侧的"切换动画"按钮，如图 14-23 所示，记录第 1 个动画关键帧。将时间标签放置在 05:00s 的位置。将"缩放"选项设置为 100.0，如图 14-24 所示，记录第 2 个动画关键帧。

图 14-23   图 14-24

（12）选择"文件>新建>旧版标题"命令，弹出"新建字幕"对话框，如图 14-25 所示。单击"确定"按钮，弹出"字幕"面板。选择"旧版标题工具"面板中的"文字工具" **T**，在"字幕"面板中单击并输入需要的文字，在上方的属性栏中设置文字属性。在"旧版标题属性"面板中展开"填充"栏，将"颜色"选项设置为砖红色（204，101，93），"字幕"面板中的效果如图 14-26 所示。

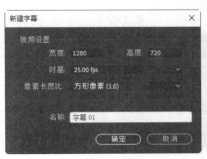

图 14-25   图 14-26

（13）在"项目"面板中选择"字幕01"文件并将其拖曳"时间轴"面板上方的空白区域，自动生成"视频5（V5）"轨道并将"字幕01"文件放置到"视频5（V5）"轨道中，如图14-27所示。将鼠标指针放在"字幕01"文件的结束位置，当鼠标指针呈 ◄ 状时，向左拖曳鼠标指针到"小花/01"文件的结束位置，如图14-28所示。

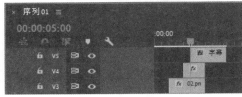

图 14-27   图 14-28

（14）选择"时间轴"面板中的"字幕01"文件。选择"效果控件"面板，展开"运动"选项，将"缩放"选项设置为0.0，单击"缩放"选项左侧的"切换动画"按钮 ⏺，如图14-29所示，记录第1个动画关键帧。将时间标签放置在06:00s的位置。将"缩放"选项设置为100.0，如图14-30所示，记录第2个动画关键帧。

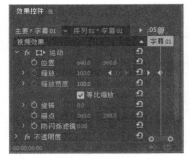

图 14-29   图 14-30

2. 制作画面 2

（1）在"项目"面板中选择"底图1/01"文件并将其拖曳到"时间轴"面板中的"视频1（V1）"轨道中。将时间标签放置在13:00s的位置。将鼠标指针放在"底图1/01"文件的结束位置，当鼠标指针呈 ◄ 状时，向右拖曳鼠标指针到时间标签所在的位置，如图14-31所示。选择"时间轴"面板中的"底图1/01"文件。选择"效果控件"面板，展开"运动"选项，将"缩放"选项设置为163.0，如图14-32所示。

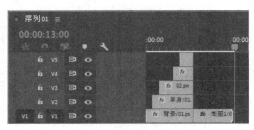

图 14-31   图 14-32

（2）选择"效果"面板，展开"视频过渡"分类选项，单击"划像"文件夹左侧的三角形按钮 ▶ 将其展开，选择"菱形划像"效果，如图 14-33 所示。将"菱形划像"效果拖曳到"时间轴"面板"视频 1（V1）"轨道中的"底图 1/01"文件的开始位置，如图 14-34 所示。

图 14-33

图 14-34

（3）将时间标签放置在 08:00s 的位置。在"项目"面板中选择"蛋糕 1/01"文件并将其拖曳到"时间轴"面板中的"视频 2（V2）"轨道中，如图 14-35 所示。

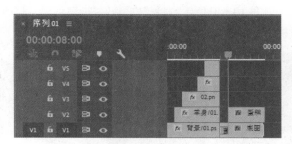
图 14-35

（4）选择"效果控件"面板，展开"运动"选项，将"缩放"选项设置为 0.0，单击"缩放"选项左侧的"切换动画"按钮 ⏱，如图 14-36 所示，记录第 1 个动画关键帧。将时间标签放置在 09:00s 的位置。将"缩放"选项设置为 100.0，如图 14-37 所示，记录第 2 个动画关键帧。

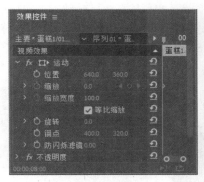
图 14-36   图 14-37

（5）在"项目"面板中选择"礼物/01"文件并将其拖曳到"时间轴"面板中的"视频 3（V3）"轨道中。将鼠标指针放在"礼物/01"文件的结束位置，当鼠标指针呈 ◂ 状时，向左拖曳鼠标指针到"蛋糕 1/01"文件的结束位置，如图 14-38 所示。选择"时间轴"面板中的"礼物/01"文件。选择

"效果控件"面板，展开"运动"选项，将"位置"选项设置为 640.0 和 277.0，"缩放"选项设置为 161.0，如图 14-39 所示。

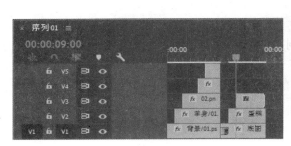

图 14-38　　　　　　　　　　　　　　图 14-39

（6）选择"效果"面板，展开"视频过渡"分类选项，单击"滑动"文件夹左侧的三角形按钮 ▶ 将其展开，选择"推"效果，如图 14-40 所示。将"推"效果拖曳到"时间轴"面板"视频 3（V3）"轨道中的"礼物/01"文件的开始位置，如图 14-41 所示。

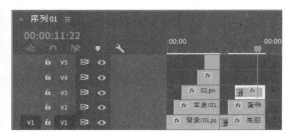

图 14-40　　　　　　　　　　　　　　图 14-41

（7）在"项目"面板中选择"彩旗 1/01"文件并将其拖曳到"时间轴"面板中的"视频 4（V4）"轨道中。将鼠标指针放在"彩旗 1/01"文件的结束位置，当鼠标指针呈 ◄| 状时，向左拖曳鼠标指针到"礼物/01"文件的结束位置，如图 14-42 所示。选择"时间轴"面板中的"彩旗 1/01"文件。选择"效果控件"面板，展开"运动"选项，将"位置"选项设置为 640.0 和 392.0，"缩放"选项设置为 130.0，如图 14-43 所示。

图 14-42　　　　　　　　　　　　　　图 14-43

（8）选择"效果"面板，展开"视频过渡"分类选项，单击"滑动"文件夹左侧的三角形按钮▶将其展开，选择"推"效果。将"推"效果拖曳到"时间轴"面板"视频4（V4）"轨道中的"彩旗1/01"文件的开始位置，如图 14-44 所示。

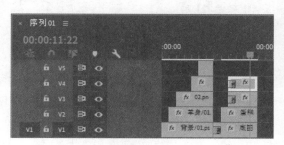

图 14-44

（9）将时间标签放置在 10:00s 的位置。在"项目"面板中选择"彩旗2/01"文件并将其拖曳到"时间轴"面板中的"视频 5（V5）"轨道中。将鼠标指针放在"彩旗 2/01"文件的结束位置，当鼠标指针呈◀ 状时，向左拖曳鼠标指针到"彩旗 1/01"文件的结束位置，如图 14-45 所示。选择"时间轴"面板中的"彩旗2/01"文件。选择"效果控件"面板，展开"运动"选项，将"位置"选项设置为 435.0 和 360.0，"缩放"选项设置为 114.0，如图 14-46 所示。

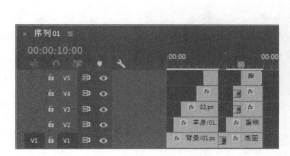

图 14-45

图 14-46

（10）选择"效果"面板，展开"视频过渡"分类选项，单击"滑动"文件夹左侧的三角形按钮▶将其展开，选择"滑动"效果，如图 14-47 所示。将"滑动"效果拖曳到"时间轴"面板"视频 5（V5）"轨道中的"彩旗 2/01"文件的开始位置，如图 14-48 所示。

图 14-47

图 14-48

（11）将时间标签放置在 11:00s 的位置。在"项目"面板中选择"彩旗 3/01"文件并将其拖曳到"时间轴"面板中的"视频 6（V6）"轨道中，如图 14-49 所示。将鼠标指针放在"彩旗 3/01"文件的结束位置，当鼠标指针呈 ◄ 状时，向左拖曳鼠标指针到"彩旗 2/01"文件的结束位置，如图 14-50 所示。

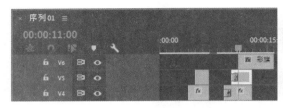

图 14-49　　　　　　　　　　　　　　　图 14-50

（12）选择"时间轴"面板中的"彩旗 3/01"文件。选择"效果控件"面板，展开"运动"选项，将"位置"选项设置为 823.0 和 360.0，"缩放"选项设置为 114.0，如图 14-51 所示。选择"效果"面板，展开"视频过渡"分类选项，单击"滑动"文件夹左侧的三角形按钮▶将其展开，选择"滑动"效果。将"滑动"效果拖曳到"时间轴"面板"视频 6（V6）"轨道中的"彩旗 3/01"文件的开始位置，如图 14-52 所示。

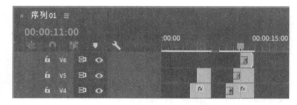

图 14-51　　　　　　　　　　　　　　　图 14-52

3. 制作画面 3

（1）在"项目"面板中选择"底图 2/01"文件并将其拖曳到"时间轴"面板中的"视频 1（V1）"轨道中。将时间标签放置在 24:00s 的位置。将鼠标指针放在"底图 2/01"文件的结束位置，当鼠标指针呈 ◄ 状时，向右拖曳鼠标指针到时间标签所在的位置，如图 14-53 所示。选择"时间轴"面板中的"底图 2/01"文件。选择"效果控件"面板，展开"运动"选项，将"缩放"选项设置为 163.0，如图 14-54 所示。

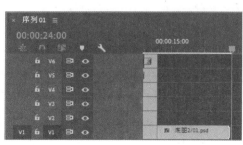

图 14-53　　　　　　　　　　　　　　　图 14-54

（2）选择"效果"面板，展开"视频过渡"分类选项，单击"擦除"文件夹左侧的三角形按钮▶将其展开，选择"风车"效果，如图 14-55 所示。将"风车"效果拖曳到"时间轴"面板"视频 1（V1）"轨道中的"底图 2/01"文件的开始位置，如图 14-56 所示。

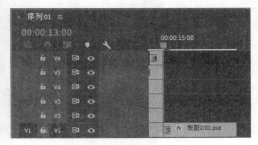

图 14-55   图 14-56

（3）将时间标签放置在 16:00s 的位置。在"项目"面板中选择"卡通 1/01"文件并将其拖曳到"时间轴"面板中的"视频 2（V2）"轨道中。将鼠标指针放在"卡通 1/01"文件的结束位置，当鼠标指针呈◀▶状时，向右拖曳鼠标指针到"底图 2/01"文件的结束位置，如图 14-57 所示。

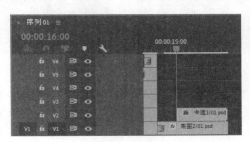

图 14-57

（4）选择"效果"面板，展开"视频过渡"分类选项，单击"缩放"文件夹左侧的三角形按钮▶将其展开，选择"交叉缩放"效果，如图 14-58 所示。将"交叉缩放"效果拖曳到"时间轴"面板"视频 2（V2）"轨道中的"卡通 1/01"文件的开始位置，如图 14-59 所示。

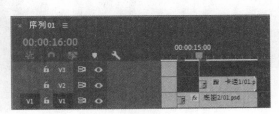

图 14-58   图 14-59

（5）将时间标签放置在 19:00s 的位置。在"项目"面板中选择"卡通 2/01"文件并将其拖曳到

"时间轴"面板中的"视频 3（V3）"轨道中，如图 14-60 所示。选择"效果"面板，展开"视频过渡"分类选项，单击"缩放"文件夹左侧的三角形按钮 ▷ 将其展开，选择"交叉缩放"效果。将"交叉缩放"效果拖曳到"时间轴"面板"视频 3（V3）"轨道中的"卡通 2/01"文件的开始位置，如图 14-61 所示。

图 14-60　　　　　　　　　　　　　图 14-61

（6）将时间标签放置在 17:00s 的位置。在"项目"面板中选择"卡通 3/01"文件并将其拖曳到"时间轴"面板中的"视频 4（V4）"轨道中。将鼠标指针放在"卡通 3/01"文件的结束位置，当鼠标指针呈 ◀ 状时，向右拖曳鼠标指针到"卡通 2/01"文件的结束位置，如图 14-62 所示。选择"效果"面板，展开"视频过渡"分类选项，单击"缩放"文件夹左侧的三角形按钮 ▷ 将其展开，选择"交叉缩放"效果。将"交叉缩放"效果拖曳到"时间轴"面板"视频 4（V4）"轨道中的"卡通 3/01"文件的开始位置，如图 14-63 所示。

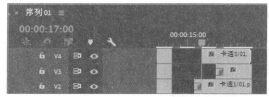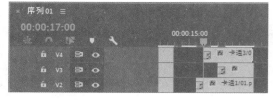

图 14-62　　　　　　　　　　　　　图 14-63

（7）将时间标签放置在 20:00s 的位置。在"项目"面板中选择"卡通 4/01"文件并将其拖曳到"时间轴"面板中的"视频 5（V5）"轨道中。将鼠标指针放在"卡通 4/01"文件的结束位置，当鼠标指针呈 ◀ 状时，向左拖曳鼠标指针到"卡通 3/01"文件的结束位置，如图 14-64 所示。选择"效果"面板，展开"视频过渡"分类选项，单击"缩放"文件夹左侧的三角形按钮 ▷ 将其展开，选择"交叉缩放"效果。将"交叉缩放"效果拖曳到"时间轴"面板"视频 5（V5）"轨道中的"卡通 4/01"文件的开始位置，如图 14-65 所示。

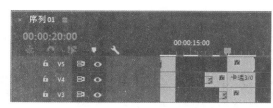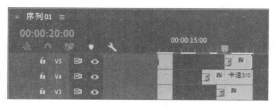

图 14-64　　　　　　　　　　　　　图 14-65

（8）将时间标签放置在 18:00s 的位置。在"项目"面板中选择"卡通 5/01"文件并将其拖曳到"时间轴"面板中的"视频 6（V6）"轨道中。将鼠标指针放在"卡通 5/01"文件的结束位置，当鼠标指针呈 ◀ 状时，向右拖曳鼠标指针到"卡通 4/01"文件的结束位置，如图 14-66 所示。选择"效果"面板,展开"视频过渡"分类选项,单击"缩放"文件夹左侧的三角形按钮❯将其展开,选择"交叉缩放"效果。将"交叉缩放"效果拖曳到"时间轴"面板"视频 6(V6)"轨道中的"卡通 5/01"文件的开始位置,如图 14-67 所示。

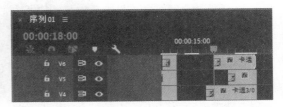

图 14-66   图 14-67

(9)将时间标签放置在 21:00s 的位置。在"项目"面板中选择"卡通 6/01"文件并将其拖曳到"时间轴"面板中的"视频 7(V7)"轨道中。将鼠标指针放在"卡通 6/01"文件的结束位置,当鼠标指针呈◀状时,向左拖曳鼠标指针到"卡通 5/01"文件的结束位置,如图 14-68 所示。选择"效果"面板,展开"视频过渡"分类选项,单击"缩放"文件夹左侧的三角形按钮❯将其展开,选择"交叉缩放"效果。将"交叉缩放"效果拖曳到"时间轴"面板"视频 7(V7)"轨道中的"卡通 6/01"文件的开始位置,如图 14-69 所示。

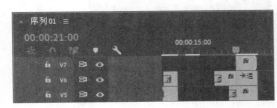

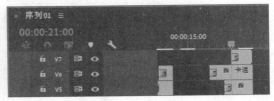

图 14-68   图 14-69

(10)将时间标签放置在 14:00s 的位置。在"项目"面板中选择"图形/01"文件并将其拖曳到"时间轴"面板中的"视频 8(V8)"轨道中。将鼠标指针放在"图形/01"文件的结束位置,当鼠标指针呈◀状时,向右拖曳鼠标指针到"卡通 6/01"文件的结束位置,如图 14-70 所示。选择"效果"面板,展开"视频过渡"分类选项,单击"缩放"文件夹左侧的三角形按钮❯将其展开,选择"交叉缩放"效果。将"交叉缩放"效果拖曳到"时间轴"面板"视频 8(V8)"轨道中的"图形/01"文件的开始位置,如图 14-71 所示。

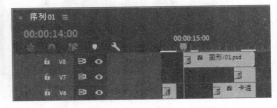

图 14-70   图 14-71

(11)将时间标签放置在 15:00s 的位置。在"项目"面板中选择"03"文件并将其拖曳到"时间轴"面板中的"视频 9(V9)"轨道中。将鼠标指针放在"03"文件的结束位置,当鼠标指针呈◀状时,向右拖曳鼠标指针到"图形/01"文件的结束位置,如图 14-72 所示。

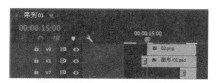

图 14-72

（12）将时间标签放置在 15：00s 的位置。选择"效果控件"面板，展开"运动"选项，将"位置"选项设置为 640.0 和 425.0，"缩放"选项设置为 0.0，分别单击"缩放"和"旋转"选项左侧的"切换动画"按钮，如图 14-73 所示，记录第 1 个动画关键帧。将时间标签放置在 16：00s 的位置。将"缩放"选项设置为 100.0，"旋转"选项设置为 1×0.0°，如图 14-74 所示，记录第 2 个动画关键帧。

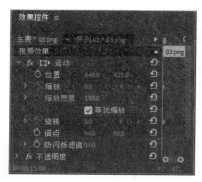

图 14-73

图 14-74

（13）选择"文件 > 新建 > 旧版标题"命令，弹出"新建字幕"对话框，如图 14-75 所示。单击"确定"按钮，弹出"字幕"面板。选择"旧版标题工具"面板中的"文字工具" **T** ，在"字幕"面板中单击并输入需要的文字，在上方的属性栏中设置文字属性。在"旧版标题属性"面板中展开"填充"栏，将"颜色"选项设置为砖红色（204，101，93），"字幕"面板中的效果如图 14-76 所示。

图 14-75

图 14-76

（14）将时间标签放置在 22：00s 的位置。在"项目"面板中选择"字幕 02"文件并将其拖曳到"时间轴"面板中的"视频 10（V10）"轨道中。将鼠标指针放在"字幕 02"文件的结束位置，当鼠标指针呈 状时，向左拖曳鼠标指针到"03"文件的结束位置，如图 14-77 所示。选择"效果"面板，展开"视频过渡"分类选项，单击"缩放"文件夹左侧的三角形按钮 将其展开，选择"交叉缩放"效果。将"交叉缩放"效果拖曳到"时间轴"面板"视频 10（V10）"轨道中的"字幕 02"文件的开始位置，如图 14-78 所示。

图 14-77

图 14-78

（15）将时间标签放置在 0s 的位置。在"项目"面板中选择"04"文件并将其拖曳到"时间轴"面板中的"音频 1（A1）"轨道中。将鼠标指针放在"04"文件的结束位置，当鼠标指针呈 ◀ 状时，向左拖曳鼠标指针到"底图 2/01"文件的结束位置，如图 14-79 所示。生日 MV 制作完成。

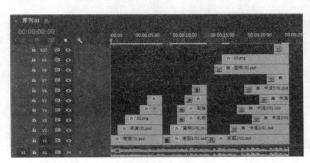
图 14-79

14.2 英文 MV

14.2.1 案例分析

使用"旧版标题"命令添加并编辑文字，使用"效果控件"面板编辑视频的位置、缩放比例和不透明度并制作图片和文字的动画，使用"效果"面板制作素材之间的过渡效果。

14.2.2 案例设计

本案例设计的效果如图 14-80 所示。

图 14-80

14.2.3 案例制作

1. 添加项目文件

（1）启动 Premiere Pro CC 2019，选择"文件>新建>项目"命令，弹出"新建项目"对话框，如图 14-81 所示，单击"确定"按钮，新建项目。选择"文件>新建>序列"命令，弹出"新建序列"对话框，单击"设置"选项卡，设置如图 14-82 所示，单击"确定"按钮，新建序列。

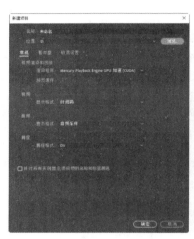
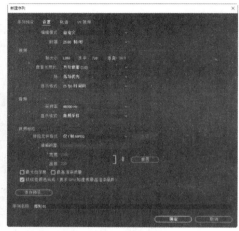

图 14-81   图 14-82

（2）选择"文件 > 导入"命令，弹出"导入"对话框，选择本书云盘中的"Ch14\英文 MV\素材\01～10"文件，如图 14-83 所示。单击"打开"按钮，将素材文件导入"项目"面板中，如图 14-84 所示。

图 14-83   图 14-84

（3）选择"文件>新建>旧版标题"命令，弹出"新建字幕"对话框，如图 14-85 所示。单击"确定"按钮，弹出"字幕"面板。选择"旧版标题工具"面板中的"文字工具" **T**，在"字幕"面板中单击并输入需要的文字。在"旧版标题样式"面板中选择需要的样式，如图 14-86 所示。

（4）在"旧版标题属性"面板中展开"属性"栏，其中各选项的设置如图 14-87 所示。"字幕"面板中的效果如图 14-88 所示。关闭"字幕"面板，新建的字幕文件自动保存到"项目"面板中。用相同的方法制作其他字幕，"项目"面板如图 14-89 所示。

图 14-85

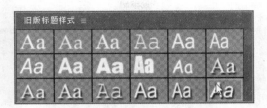

图 14-86

图 14-87

图 14-88

图 14-89

2. 制作动画并添加效果

（1）在"项目"面板中选择"04"文件并将其拖曳到"时间轴"面板中的"视频 1（V1）"轨道中。将时间标签放置在 24:11s 的位置。将鼠标指针放在"04"文件的结束位置，当鼠标指针呈 ◀ 状时，向右拖曳鼠标指针到 24:11s 的位置，如图 14-90 所示。

（2）在"项目"面板中选择"03"文件并将其拖曳到"时间轴"面板中的"视频 2（V2）"轨道中。将时间标签放置在 06:21s 的位置。将鼠标指针放在"03"文件的结束位置，当鼠标指针呈 ◀ 状时，向右拖曳鼠标指针到 06:21s 的位置，如图 14-91 所示。

图 14-90

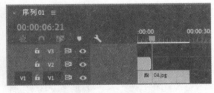

图 14-91

（3）将时间标签放置在 03:04s 的位置。选择"视频 2（V2）"轨道中的"03"文件。选择"效果控件"面板，展开"运动"选项，将"位置"选项设置为 948.0 和 361.0，单击"位置"选项左侧的"切换动画"按钮 ⊙，如图 14-92 所示，记录第 1 个动画关键帧。将时间标签放置在 06:12s 的位置。将"位置"选项设置为 1609.0 和 361.0，如图 14-93 所示，记录第 2 个动画关键帧。

（4）将时间标签放置在 05:09s 的位置。选择"效果控件"面板，展开"不透明度"选项，单击"不透明度"选项右侧的"添加/移除关键帧"按钮 ◈，如图 14-94 所示，记录第 1 个动画关键帧。

将时间标签放置在 06:19s 的位置。将"不透明度"选项设置为 0.0%，如图 14-95 所示，记录第 2 个动画关键帧。

图 14-92

图 14-93

图 14-94

图 14-95

（5）在"项目"面板中选择"06"文件并将其拖曳到"时间轴"面板中的"视频 2（V2）"轨道中。将鼠标指针放在"06"文件的结束位置，当鼠标指针呈 ◄► 状时，向右拖曳鼠标指针到"04"文件的结束位置，如图 14-96 所示。

（6）将时间标签放置在 06:09s 的位置。选择"视频 2（V2）"轨道中的"06"文件。选择"效果控件"面板，展开"运动"选项，将"位置"选项设置为 688.0 和 297.0，单击"位置"选项左侧的"切换动画"按钮 🕙，如图 14-97 所示，记录第 1 个动画关键帧。

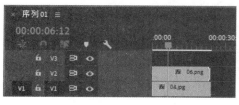

图 14-96

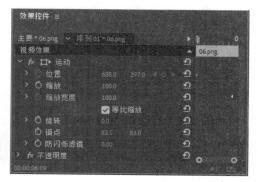

图 14-97

（7）将时间标签放置在 09:04s 的位置。将"位置"选项设置为 481.0 和 260.0，如图 14-98 所示，记录第 2 个动画关键帧。将时间标签放置在 11:00s 的位置。将"位置"选项设置为 412.0 和

204.0，如图 14-99 所示，记录第 3 个动画关键帧。

图 14-98　　　　　　　　　　　　　　　　图 14-99

（8）选择"效果"面板，展开"视频过渡"分类选项，单击"溶解"文件夹左侧的三角形按钮 将其展开，选择"交叉溶解"效果，如图 14-100 所示。将"交叉溶解"效果拖曳到"时间轴"面板"视频 2（V2）"轨道中的"03"文件的结束位置与"06"文件的开始位置，如图 14-101 所示。

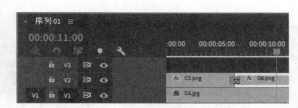

图 14-100　　　　　　　　　　　　图 14-101

（9）将时间标签放置在 0s 的位置。在"项目"面板中选择"02"文件并将其拖曳到"时间轴"面板中的"视频 3（V3）"轨道中。将鼠标指针放在"02"文件的结束位置，当鼠标指针呈 状时，向右拖曳鼠标指针到"03"文件的结束位置，如图 14-102 所示。

（10）将时间标签放置在 03：04s 的位置。选择"视频 3（V3）"轨道中的"02"文件。选择"效果控件"面板，展开"运动"选项，将"位置"选项设置为 309.0 和 361.0，单击"位置"选项左侧的"切换动画"按钮 ，如图 14-103 所示，记录第 1 个动画关键帧。

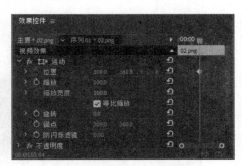

图 14-102　　　　　　　　　　　　图 14-103

（11）将时间标签放置在 06:12s 的位置。将"位置"选项设置为-310.0 和 361.0，如图 14-104 所示，记录第 2 个动画关键帧。将时间标签放置在 05:09s 的位置。选择"效果控件"面板，展开"不透明度"选项，单击"不透明度"选项右侧的"添加/移除关键帧"按钮，如图 14-105 所示，记录第 1 个动画关键帧。

图 14-104 图 14-105

（12）将时间标签放置在 06:19s 的位置。将"不透明度"选项设置为 0.0%，如图 14-106 所示，记录第 2 个动画关键帧。在"项目"面板中选择"05"文件并将其拖曳到"时间轴"面板中的"视频 3（V3）"轨道中。将鼠标指针放在"05"文件的结束位置，当鼠标指针呈 ◀▶ 状时，向右拖曳鼠标指针到"06"文件的结束位置，如图 14-107 所示。

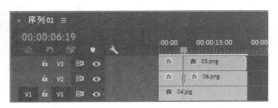

图 14-106 图 14-107

（13）选择"效果"面板，展开"视频过渡"分类选项，单击"溶解"文件夹左侧的三角形按钮 ▶ 将其展开，选择"交叉溶解"效果。将"交叉溶解"效果拖曳到"时间轴"面板"视频 3（V3）"轨道中的"02"文件的结束位置与"05"文件的开始位置，如图 14-108 所示。选择"序列 > 添加轨道"命令，在弹出的对话框中进行设置，如图 14-109 所示，单击"确定"按钮，在"时间轴"面板中添加 4 条视频轨道。

图 14-108 图 14-109

（14）在"项目"面板中选择"01"文件并将其拖曳到"时间轴"面板中的"视频 4（V4）"轨道中。将鼠标指针放在"01"文件的结束位置，当鼠标指针呈◀状时，向右拖曳鼠标指针到"02"文件的结束位置，如图 14-110 所示。选择"视频 4（V4）"轨道中的"01"文件。选择"效果控件"面板，展开"运动"选项，将"位置"选项设置为 640.0 和 76.0，如图 14-111 所示。

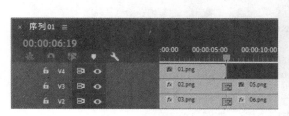

图 14-110 图 14-111

（15）将时间标签放置在 05:09s 的位置。选择"效果控件"面板，展开"不透明度"选项，单击"不透明度"选项右侧的"添加/移除关键帧"按钮 ◎，如图 14-112 所示，记录第 1 个动画关键帧。将时间标签放置在 06:19s 的位置。将"不透明度"选项设置为 0.0%，如图 14-113 所示，记录第 2 个动画关键帧。

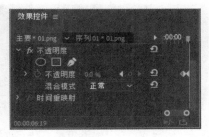

图 14-112 图 14-113

（16）将时间标签放置在 12:01s 的位置。在"项目"面板中选择"07"文件并将其拖曳到"时间轴"面板中的"视频 4（V4）"轨道中。将鼠标指针放在"07"文件的结束位置，当鼠标指针呈◀状时，向右拖曳鼠标指针到"05"文件的结束位置，如图 14-114 所示。选择"视频 4（V4）"轨道中的"07"文件。选择"效果控件"面板，展开"运动"选项，将"位置"选项设置为 640.0 和 653.0，"缩放"选项设置为 110.0，如图 14-115 所示。

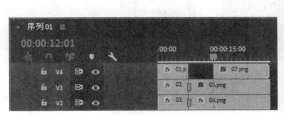

图 14-114 图 14-115

（17）选择"效果"面板，展开"视频过渡"分类选项，单击"擦除"文件夹左侧的三角形按钮▶，将其展开，选择"划出"效果，如图 14-116 所示。将"划出"效果拖曳到"时间轴"面板"视频 4（V4）"轨道中的"07"文件的开始位置，如图 14-117 所示。

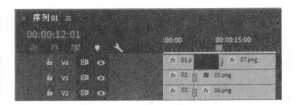

图 14-116　　　　　　　　　　　　图 14-117

（18）选择"时间轴"面板中的"划出"效果，如图 14-118 所示。选择"效果控件"面板，将"持续时间"选项设置为 00:00:02:23，如图 14-119 所示。

图 14-118　　　　　　　　　　　　图 14-119

（19）将时间标签放置在 0s 的位置。在"项目"面板中选择"字幕 01"文件并将其拖曳到"时间轴"面板中的"视频 5（V5）"轨道中，如图 14-120 所示。选择"视频 5（V5）"轨道中的"字幕 01"文件。选择"效果控件"面板，展开"不透明度"选项，将"不透明度"选项设置为 0.0%，如图 14-121 所示，记录第 1 个动画关键帧。

图 14-120　　　　　　　　　　　　图 14-121

（20）将时间标签放置在 00:15s 的位置。将"不透明度"选项设置为 100.0%，如图 14-122 所示，记录第 2 个动画关键帧。将时间标签放置在 04:05s 的位置。单击"不透明度"选项右侧的"添加/移除关键帧"按钮 ◎，如图 14-123 所示，记录第 3 个动画关键帧。

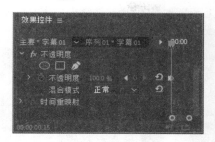

图 14-122   图 14-123

（21）将时间标签放置在 04:22s 的位置。将"不透明度"选项设置为 0.0%，如图 14-124 所示，记录第 4 个动画关键帧。将时间标签放置在 15:07s 的位置。在"项目"面板中选择"08"文件并将其拖曳到"时间轴"面板中的"视频 5（V5）"轨道中。将鼠标指针放在"08"文件的结束位置，当鼠标指针呈◀状时，向右拖曳鼠标指针到"07"文件的结束位置，如图 14-125 所示。

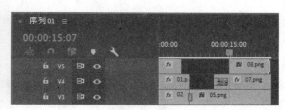

图 14-124   图 14-125

（22）将时间标签放置在 15:07s 的位置。选择"视频 5（V5）"轨道中的"08"文件。选择"效果控件"面板，展开"运动"选项，将"位置"选项设置为 904.0 和 609.0，"缩放"选项设置为 0.0，单击"缩放"选项左侧的"切换动画"按钮 ◎，如图 14-126 所示，记录第 1 个动画关键帧。将时间标签放置在 17:01s 的位置。将"缩放"选项设置为 120.0，如图 14-127 所示，记录第 2 个动画关键帧。

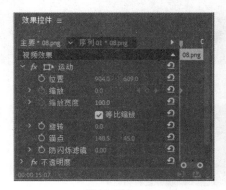

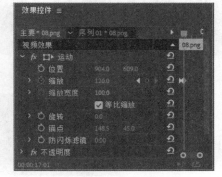

图 14-126   图 14-127

（23）将时间标签放置在 18:14s 的位置。在"项目"面板中选择"09"文件并将其拖曳到"时间轴"面板中的"视频 6（V6）"轨道中。将鼠标指针放在"09"文件的结束位置，当鼠标指针呈◀状时，向右拖曳鼠标指针到"08"文件的结束位置，如图 14-128 所示。

（24）选择"视频6（V6）"轨道中的"09"文件。选择"效果控件"面板，展开"运动"选项，将"位置"选项设置为321.0和611.0，"缩放"选项设置为0.0，单击"缩放"选项左侧的"切换动画"按钮 ，如图14-129所示，记录第1个动画关键帧。

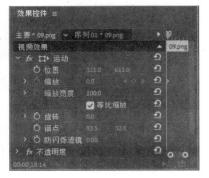

图14-128　　　　　　　　　　　　　　　　　　图14-129

（25）将时间标签放置在20:03s的位置。选择"效果控件"面板，将"缩放"选项设置为110.0，如图14-130所示，记录第2个动画关键帧。将时间标签放置在06:21s的位置。在"项目"面板中选择"字幕02"文件并将其拖曳到"时间轴"面板中的"视频7（V7）"轨道中。将鼠标指针放在"字幕02"文件的结束位置，当鼠标指针呈 ◄ 状时，向右拖曳鼠标指针到"07"文件的开始位置，如图14-131所示。

（26）使用相同的方法，在"项目"面板中分别选择需要的字幕文件并将其拖曳到"时间轴"面板中的"视频7（V7）"轨道中，调整其播放时间，如图14-132所示。

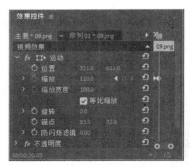

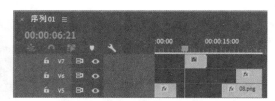

图14-130　　　　　　　　　　　　　　　　　　图14-131

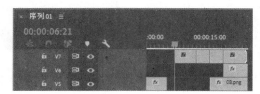

图14-132

3.　添加并调整音频

（1）在"项目"面板中选择"10"文件并将其拖曳到"时间轴"面板中的"音频1（A1）"轨道中，如图14-133所示。选择"效果"面板，展开"音频效果"分类选项，选中"高通"效果，如

图 14-134 所示。将"高通"效果拖曳到"时间轴"面板"音频 1（A1）"轨道中的"10"文件上。

图 14-133

图 14-134

（2）选择"效果控件"面板，展开"高通"选项并进行参数设置，如图 14-135 所示。英文 MV 制作完成，效果如图 14-136 所示。

图 14-135

图 14-136

14.3　课堂练习——新年 MV

练习知识要点

使用"导入"命令导入素材文件，使用"效果控件"面板制作图片的位置、缩放和不透明度动画，使用"效果"面板添加视频过渡效果。新年 MV 效果如图 14-137 所示。

效果所在位置　云盘\Ch14\新年 MV\新年 MV.prproj。

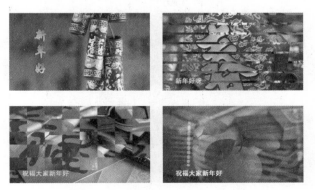

扫 码 观 看
微课：新年 MV

图 14-137

课后习题——卡拉OK

习题知识要点

使用"旧版标题"命令添加并编辑文字，使用"效果控件"面板编辑视频的位置、缩放比例和不透明度并制作动画，使用"闪光灯"效果为视频添加闪光效果并制作动画，使用"低通"效果制作音频低音效果。卡拉 OK 效果如图 14-138 所示。

效果所在位置　云盘\Ch14\卡拉 OK\卡拉 OK. prproj。

图 14-138